Martin Senz

Innovative Prozessansätze zur Herstellung von Bakterienpräparationen

Martin Senz

Innovative Prozessansätze zur Herstellung von Bakterienpräparationen

Prozesstechnische Stabilisierung des probiotischen Milchsäurebakteriums Lactobacillus acidophilus

Südwestdeutscher Verlag für Hochschulschriften

Impressum/Imprint (nur für Deutschland/only for Germany)
Bibliografische Information der Deutschen Nationalbibliothek: Die Deutsche Nationalbibliothek verzeichnet diese Publikation in der Deutschen Nationalbibliografie; detaillierte bibliografische Daten sind im Internet über http://dnb.d-nb.de abrufbar.

Alle in diesem Buch genannten Marken und Produktnamen unterliegen warenzeichen-, marken- oder patentrechtlichem Schutz bzw. sind Warenzeichen oder eingetragene Warenzeichen der jeweiligen Inhaber. Die Wiedergabe von Marken, Produktnamen, Gebrauchsnamen, Handelsnamen, Warenbezeichnungen u.s.w. in diesem Werk berechtigt auch ohne besondere Kennzeichnung nicht zu der Annahme, dass solche Namen im Sinne der Warenzeichen- und Markenschutzgesetzgebung als frei zu betrachten wären und daher von jedermann benutzt werden dürften.

Coverbild: www.ingimage.com

Verlag: Südwestdeutscher Verlag für Hochschulschriften GmbH & Co. KG
Heinrich-Böcking-Str. 6-8, 66121 Saarbrücken, Deutschland
Telefon +49 681 37 20 271-1, Telefax +49 681 37 20 271-0
Email: info@svh-verlag.de

Zugl.: Berlin, TU, Diss., 2012

Herstellung in Deutschland (siehe letzte Seite)
ISBN: 978-3-8381-3374-4

Imprint (only for USA, GB)
Bibliographic information published by the Deutsche Nationalbibliothek: The Deutsche Nationalbibliothek lists this publication in the Deutsche Nationalbibliografie; detailed bibliographic data are available in the Internet at http://dnb.d-nb.de.

Any brand names and product names mentioned in this book are subject to trademark, brand or patent protection and are trademarks or registered trademarks of their respective holders. The use of brand names, product names, common names, trade names, product descriptions etc. even without a particular marking in this works is in no way to be construed to mean that such names may be regarded as unrestricted in respect of trademark and brand protection legislation and could thus be used by anyone.

Cover image: www.ingimage.com

Publisher: Südwestdeutscher Verlag für Hochschulschriften GmbH & Co. KG
Heinrich-Böcking-Str. 6-8, 66121 Saarbrücken, Germany
Phone +49 681 37 20 271-1, Fax +49 681 37 20 271-0
Email: info@svh-verlag.de

Printed in the U.S.A.
Printed in the U.K. by (see last page)
ISBN: 978-3-8381-3374-4

Copyright © 2012 by the author and Südwestdeutscher Verlag für Hochschulschriften GmbH & Co. KG and licensors
All rights reserved. Saarbrücken 2012

Danksagung

Diese Arbeit ist von Juli 2008 bis November 2011 im Fachgebiet für Mikrobiologie und Genetik der Technischen Universität Berlin sowie im Forschungsinstitut für Mikrobiologie der Versuchs- und Lehranstalt für Brauerei Berlin entstanden.

Zunächst möchte ich mich bei Herrn Prof. Dipl.-Ing. Dr. Ulf Stahl für die Stellung dieses hoch interessanten Themas, die gute Betreuung sowie dem entgegengebrachten Vertrauen bedanken.
Herrn Prof. Dr. Bernhard van Lengerich danke ich besonders für die konstruktiven sowie motivierenden Worte und Diskussionen, durch die die Forschung stets beflügelt wurde.
Herrn Prof. Dr. Kroh danke ich für die Übernahme des Vorsitzes der wissenschaftlichen Aussprache.
Zudem bedanke ich mich bei Dr. Johannes Bader und Dr. Edeltraud Mast-Gerlach, die mich stets intensiv betreut haben und mit wissenschaftlichem Rat beiseite standen.
Herrn Dr. Göran Walther danke ich für die schöne Zeit in Minneapolis und die vielen konstruktiven Diskussionen und die durchgängige Hilfestellung. Dieter Oberdörfer danke ich für seine Tatkraft bei den Extrusionen.
Bei allen Mitarbeitern der Mikrobiologie bedanke ich mich für das super Arbeitsklima, die kulinarischen Mittagsrunden sowie die Unterstützung während der ganzen Zeit. Danke euch allen!
Weiter möchte ich Marius, Julia, Swetlana, Nadine und Katharina für die tatkräftige Unterstützung in dieser Zeit danken.
Herrn Prof. Dr. Popovic möchte ich an dieser Stelle ebenfalls ganz herzlich danken. Er schenkte mir stets großes Vertrauen und hat meinen beruflichen Werdegang entscheidend geprägt.
Meiner Familie danke ich für die durchgängige Unterstützung für all meine Vorhaben, meinen beiden Mädels, dass sie mich so bereichern, und ganz besonders danke ich meiner Frau Sabrina für den liebevollen Rückhalt in den so ereignisvollen letzten Jahren.

Inhaltsverzeichnis

I. Theoretischer Teil 1
1. Einleitung 1
2. Aktueller Stand des Wissens 5
   2.1. Grundlagen zur Stabilisierung von Zellstrukturen 5
      2.1.1. Zelluläre Schutzmechanismen 5
         2.1.1.1. Chaperon-System 6
         2.1.1.2. Akkumulation protektiver Substanzen 7
         2.1.1.3. Fettsäurezusammensetzung der Zellmembran 7
         2.1.1.4. Weitere zelluläre Schutzmechanismen 7
      2.1.2. Schutzstoffe und dessen physiko-chemischen Wirkmechanismen 8
      2.1.3. Einflüsse während der Fermentation (*Upstream Processing*) 11
         2.1.3.1. Fermentationsmedium 11
         2.1.3.2. Fermentationsbedingungen 12
         2.1.3.3. Verfahrenstechnische Induktion von zellulären Schutzmechanismen .. 13
      2.1.4. Technologien zur Stabilisierung während des Downstream Processing 14
         2.1.4.1. Gefrieren 14
         2.1.4.2. Trocknung 15
         2.1.4.3. Mikroverkapselung 16
         2.1.4.4. Lagerung 17
   2.2. Organismenabhängige Faktoren 18
      2.2.1. Einfluss der Zellwand 18
      2.2.2. Zellform und -größe 19
   2.3. Physiologischer Zustand der Zelle 19

II. Praktischer Teil 21
3. Zielsetzung 21
4. Material und Methoden 22
   4.1. Schutzmatrizes für die Gefriertrocknung 22
   4.2. Komponenten für die Extrusion 22
   4.3. Mikroorganismen 23
   4.4. Medien 23
   4.5. Stammführung 25
   4.6. Gefriertrocknung von Bakterienpräparaten 26
   4.7. Immobilisierung der Bakterien in eine Teigmatrix 26
      4.7.1. Prozess am Doppelschneckenextruder ZSK25 26
      4.7.2. Prozess am Pastaextruder PN100 28
   4.8. Lagerung der Bakterienpräparate 29
   4.9. Analytik 29
      4.9.1. Bestimmung der Zellkonzentration und Partikelgrößenverteilung 29

4.9.2.	Bestimmung der Kolonie bildenden Einheiten	30
4.9.3.	D- und z-Wert	32
4.9.4.	Bestimmung der Trockenmasse und der Restfeuchte	33
4.9.5.	Mikroskopische Auswertung	33
4.9.6.	Hydrophobizitätstest	33

5. Ergebnisse 34

5.1.	Einfluss der Kultivierungsbedingungen auf die Zelleigenschaften	34
5.1.1.	Bedeutung von Tween 80 als Wachstumsfaktor für *Lb. acidophilus*	34
5.1.2.	Im Nährmedium enthaltenes Pepton	34
5.1.3.	Kultivierung in vorgefertigten MRS Medien	36
5.1.4.	Weitere Medien zur Kultivierung von *Lb. acidophilus*	37
5.1.5.	Einfluss von Calcium auf die Stabilität beim Gefrieren	37
5.1.6.	Einfluss des Kultivierungsmedium auf die Hydrophobizität der Bakterienzellen	38
5.1.7.	Übertragbarkeit gefundener Medieneinflüsse auf andere Lactobacillus Stämme	40
5.2.	Herstellung und Charakterisierung von gefriergetrockneten Bakterienpräparaten	42
5.2.1.	Einfluss unterschiedlicher lyoprotektiver und kryoprotektiver Schutzmatrizes	42
5.2.2.	Einfluss der Restfeuchte auf die Lagerstabilität	44
5.2.3.	Einfluss der Wachstumsphase auf die Stabilitätseigenschaften	45
5.2.4.	Einfluss des Kultivierungsmedium auf die Stabilität von lyophilisierten Bakterienpräparaten	46
5.2.4.1.	Einfluss von Pepton auf die Zellmorphologie und die Zellstabilität	48
5.3.	Einfluss einer gezielten Stresswirkung auf die Stabilität der Bakterienkultur	51
5.4.	Herstellung von Granulaten mit immobilisierten *Lb. acidophilus* mittels Kaltextrusion	53
5.4.1.	Lagerbeständigkeit von flüssigen *Lb. acidophilus* Präparaten	53
5.5.	Verwendung des Doppelschneckenextruders ZSK25 zur Immobilisierung von *Lb. acidophilus* in einer Teigmatrix	54
5.5.1.	Charakterisierung von immobilisierten *Lb. acidophilus* in Teig und in Extrudaten und dessen Eigenschaften während der Lagerung	56
5.5.2.	Variation der Prozessgrößen: Schneckendrehzahl, Massenstrom und spezifische Düsenaustrittsfläche	57
5.6.	Verwendung des Pastaextruders PN100 zur Immobilisierung von *Lb. acidophilus* in einer Teigmatrix	59
5.6.1.	Verkapselung von flüssigen *Lb. acidophilus* Präparationen	60
5.6.1.1.	Verkapselung von nativer Kulturbrühe in einer Durum Matrix	60
5.6.1.2.	Einfluss der Zellmorphologie von *Lb. acidophilus* auf die Stabilität während der Extrusion	61
5.6.1.3.	Einfluss von Ascorbinsäure und des pH-Wertes auf den Verkapselungsprozess und die anschließende Lagerung	62
5.6.1.4.	Erniedrigung der Teigviskosität	64
5.6.1.5.	Vorbehandlung mit Glycerol und Kokosfett	66
5.6.2.	Verkapselung von gefriergetrockneten *Lb. acidophilus* Präparaten	70
5.6.2.1.	Herstellung und Lagerung	70

5.6.2.2. Vorbehandlung mit Glycerol und Fett 71
5.6.3. Isolierte Betrachtung der Glycerol- und Kokosfett-Behandlung 72

6. Diskussion 74

6.1. Optimierung der Kultivierung von *Lb. acidophilus* 74
6.2. Einfluss des Nährmediums auf die Zellmorphologie 75
6.3. Einfluss des Mediums auf die Zellmorphologie anderer *Lactobacillus* Stämme 79
6.4. Einflüsse bei der Herstellung gefriergetrockneter Präparate und deren Lagerung 79
6.5. Hitzestressbehandlung zur Stabilitätssteigerung von *Lb. acidophilus* 82
6.6. Immobilisierung von Lactobacillen mittels Kaltextrusion 84
6.7. Einfluss von Zellschäden auf die Fähigkeit zur Koloniebildung 88
6.8. Zusammenfassende Betrachtung der Lagerstabilitäten von Lyophilisaten und Extrudaten. 89

7. Zusammenfassung 91

8. Ausblick 93

9. Verzeichnisse 94

9.1. Literaturverzeichnis 94
9.2. Abbildungsverzeichnis 107
9.3. Tabellenverzeichnis 109
9.4. Abkürzungsverzeichnis 110

10. Anhang 112

I. Theoretischer Teil

1. Einleitung

In der heutigen Gesellschaft nimmt das Streben der Menschen nach einer gesunden Lebensweise immer mehr zu. Dazu gehört auch eine bewusste Ernährung, mit deren Hilfe auf natürliche Art und Weise die Gesundheit erhalten bleiben soll und somit der Medikamenten-konsum reduziert werden kann. Vor allem in der westlichen Welt hat sich ein klarer Trend etabliert: Lebensmittel sollten natürlich sein, keine deklarationspflichtigen Zusatzstoffe beinhalten (*clean labelling*) und einen funktionellen Mehrwert besitzen.

Die häufigsten Zusätze dieser funktionellen Lebensmittel (Functional Food) sind Vitamine, Mineralstoffe, Ballaststoffe, Omega-3-Fettsäuren sowie Prä- und Probiotika. Letztere sind lebende Mikroorganismen, die nach oraler Einnahme eine gesundheitsfördernde Wirkung auf den Menschen haben können. Dieser Zusammenhang wurde erstmals von dem russischen Wissenschaftler Metschnikow Anfang des 20. Jahrhunderts beschrieben, der die derzeit hohe Lebenserwartung der Bulgaren auf deren hohen Konsum an Kefir zurückführte. Schon damals vermutete Metschnikow, dass die darin befindlichen Milchsäurebakterien (LAB, *lactic acid bacteria*) unerwünschte Fäulnisvorgänge im Darm unterdrücken. Für die in seinen Untersuchungen mit Bakterien angereicherten Nahrungsmittel wurde erstmals der Begriff Probiotik (aus dem griechischen *pro bios* = *für das Leben*) verwendet.

Die Nutzung von LAB erfolgt bereits seit langer Zeit und ist eng mit der Kulturgeschichte des Menschen verknüpft. Seit jeher werden sie als Starterkulturen zur Aufwertung des Geschmacks, der verbesserten Haltbarkeit und der Erhöhung des Nährwertes und der Bekömmlichkeit unterschiedlichster Lebensmittel wie Milch, Gemüse, Fleisch und Getreide verwendet. Heutzutage ist der gesundheitsfördernde und präventive Nutzen (darunter Stabilisation der Darm-Mikrobiota und Verdrängung von Phatogenen, Stimulation des Immunsystems, Produktion bioaktiver Metabolite, etc.) vieler probiotischer Mikroorganismen wissenschaftlich beschrieben [Bengmark, 2003; de Vrese et al., 2008; Goldin und Gorbach, 2008; Marteau und Shanahan, 2003; Parvez et al., 2006]. Der Großteil der bekannten und verwendeten probiotischen Mikroorganismen gehört zu den Gattungen *Lactobacillus* und *Bifidobakterium*. Es gibt aber auch probiotische Vertreter der Gattung *Bacillus* und *Enterococcus* sowie einige Hefen, wie *Saccharomyces boulardii* und *S. cerevisiae* [Parvez et al., 2006; Marteau et al., 2001]. Aktuelle Studien prognostizieren, dass durch LAB fermentierte Lebensmittel zusammen mit probiotischen Produkten einen weltweiten wirtschaftlichen Wert von über 100 Milliarden Euro haben, wobei der Probiotika Sektor ca. 20 % ausmacht (Tab. 1) [Global Probiotics Market, 2010; OECD-FAO Agricultural Outlook 2011-2019, 2010]. Weiter wird prognostiziert, dass der Markt probiotischer Mikroorganismen als Additive in Lebensmittel und Supplementen, mit bis zu 10 % pro Jahr, weiter rapide ansteigen wird [Global Probiotics Market, 2010].

Der gesellschaftlich wachsende Anspruch an neuen Lebensmittelprodukten und das wirtschaftliche Potential treibt die Lebensmittelhersteller an, nachhaltige Produkte neuer Lebensmittelkategorien auf den Markt zu bringen [Mazeaud, 2009]. So sind probiotische Mikroorganismen, neben der klassischen Anwendung im Joghurt (z.B. Danone Activia®/ Actimel®), auch in Fruchtsäften (z.B. GoodBelly® Probiotic Fruit Drink), Margarine (z.B. LÄTTA mit Probiotik),

Schokolade (z.B. Attune Chocolate Crisp®), Cerealien (z.B. Attune Granola Münch®) und vielem mehr zu finden.

Tab. 1: Wirtschaftlicher Marktwert von durch Milchsäurebakterien fermentierter sowie probiotischer Produkte.
Tabelle übernommen aus de Vos (2011), Marktdaten aus [Global Probiotics Market, 2010; OECD-FAO Agricultural Outlook 2011-2019, 2010].

Produkte	Weltweiter Marktwert (Euro)	Bedeutendste bakterielle Gattungen
Käseerzeugnisse	55 Mrd.	*Lactococcus* und *Lactobacillus*
Joghurt und frische Milchprodukte	25 Mrd.	*Streptococcus* und *Lactobacillus*
Probiotische Produkte	20 Mrd.	*Lactobacillus* und *Bifidobacterium*

Mit der Herstellung neuartiger probiotischer Produkte variieren auch die Ansprüche bezüglich der Haltbarkeit, ohne dabei die klassischen, dem Konsumenten bekannten, Produkteigenschaften zu verändern. Hier liegt die technologische Herausforderung für probiotische Erzeugnisse, da eine Grundvoraussetzung für deren positive Wirkung eine Mindestkonzentration an lebenden Mikroorganismen ist [Reid et al., 2003]. Die immer noch gebräuchlichste Definition für Probiotika wurde 2002 von einem internationalen Expertengremium der Ernährungs- und Landwirtschaftsorganisation (FAO) und der Weltgesundheitsorganisation (WHO) erstellt: „Lebende Mikroorganismen, die in adäquater Menge verabreicht, einen gesundheitsfördernden Effekt auf den Wirt ausüben" [FAO/WHO, 2002].

Die Mikroorganismen müssen den Herstellungsprozess, den Transport und die Lagerung soweit überstehen, dass am Ende des Mindesthaltbarkeitsdatums des Produktes noch eine definierte Menge lebender Organismen enthalten ist. Die Kenntnis über die notwendige Anzahl lebender Organismen resultiert idealerweise aus klinischen Studien, durch die eine gesundheitsfördernde Wirkung belegt wurde. Darauf aufbauend werden bspw. in Deutschland durch das Bundesamt für Verbraucherschutz und Lebensmittelsicherheit (BVL) Empfehlungen über die im Produkt enthaltenden Lebendkonzentrationen an probiotischen Mikroorganismen und gesundheitsbezogenen Angaben dargestellt [BVL, 2008]. Von der europäischen Behörde für Lebensmittelsicherheit (EFSA) wird aktuell eine Europäische Gemeinschaftsliste erstellt, in der zulässige gesundheitsbezogenen Angaben (*health claims*) für Produkte aufgelistet sind, die die entsprechenden Nährwertanforderungen erfüllen. Aus den meisten Studien mit probiotischen LAB resultieren notwendige Tagisdosen an lebenden Keimen in Bereichen von 10^8-10^9 KBE [BVL, 2008], was abhängig vom Produkt 10^7-10^9 KBE/g entsprechen kann. Für die Nahrungsmittelindustrie (bzw. auch übertragbar auf die Pharmaindustrie) sollte ein trockenes probiotisches Produkt mindestens ein Jahr bei Raumtemperatur haltbar sein, während frische und somit gekühlte Produkte 4 bis 6 Wochen lagerfähig sein sollten [Viernstein et al., 2005].

Ein traditionelles Verfahren zur Konservierung von LAB ist das Einfrieren, bspw. beim Einsatz als Starterkulturen [Heller, 2001]. Aufgrund von kostengünstigeren Transport- und Lagerkosten, einer höheren Flexibilität bei der Anwendung sowie dem möglichen Aufkonzentrieren zu höheren Mikroorganismenkonzentrationen werden für die meisten Applikationen trockene Produkte bevorzugt [Higl et al., 2008]. Das schonendste Verfahren ist dabei die Gefriertrocknung, bei der das Wasser im gefrorenen Zustand durch Sublimation entfernt wird [Franks, 1998]. Aufgrund der verhältnismäßig hohen Energiekosten und langen Prozesszeiten ist dieses Verfahren allerdings nicht optimal für die Massenproduktion [Desobry et al., 1997; Knorr, 1998; Lievense und van 't Riet, 1993]. Weitere alternative, energie- und kostensparende Trocknungsmethoden sind bereits in der Entwicklung. Dazu gehören vor allem die Sprüh-, Wirbelschicht- und Vakuumtrockung [Lievense und van 't Riet, 1993; Santivarangkna et al., 2007]. Eine weitere vielversprechende Alternative zur Stabilisierung von Probiotika, welche in den letzten Jahren enorme Entwicklungen zeigte und teilweise eine Voraussetzung zur erfolgreichen Integration in unterschiedliche Lebensmittelmatrizes ist, ist die Mikroverkapselung und die einhergehende Abschottung der Zellen gegenüber inaktivierenden Umwelteinflüssen [Burgain et al., 2011; Kuang et al., 2010].

Trotz hochentwickelter Technologien sind bei den Verfahren zur Bakterien-Konservierung und der anschließenden Lagerung Verluste der Viabilität und/oder Aktivität unvermeidbar. Die Einnahme hoher Konzentrationen an Probiotika birgt grundsätzlich kein gesundheitliches Risiko [Salminen et al., 1998; von Wright, 2005], so dass eine Überdosierung im Produkt zur Gewährleistung entsprechender Keimzahlen denkbar wäre. Der Einsatz erhöhter Probiotikakonzentrationen kann allerdings aufgrund möglicher sensorischer Veränderungen des Produktes und erhöhter Produktionskosten nachteilig sein.

Für die industrielle Herstellung von Probiotika gilt es aus wirtschaftlich-technologischer Sicht:
1. den Fermentationsprozess zu optimieren, so dass hochkonzentrierte und möglichst stresstolerante Kulturen produziert werden und
2. die Zellen anschließend so zu präparieren, dass sie die anschließende Trocknung, Lagerung und Magenpassage in hoher Viabilität und unter Erhalt der funktionellen Eigenschaften überstehen.

Ein weiterer Aspekt für die wirtschaftliche Produktion ist die Abstimmung bestehender industrieller Massenproduktionsverfahren an die Sensitivität der Mikroorganismen. Dies wird umso bedeutender, wenn Herstellungsverfahren von verhältnismäßig hochwertigen probiotischen Lebensmitteln auf billigere Produkte, bspw. Tierfuttersupplemente oder Biopestizide, übertragen werden sollen. Getrocknete und/oder verkapselte Mikroorganismenpräparate können unterschiedlich angewendet werden (modifiziert nach Fu und Chen (2011)):

I. Einsatz als funktionelles Supplement in Lebensmitteln, wie Brauhefen, Probiotika [Parvez et al., 2006] und Futtermittel [Gaggia et al., 2011; Melin et al., 2007].

II. Direkte orale Einnahme von Probiotika als Tablette oder Kapsel [Bansal und Garg, 2008; Brachkova et al., 2009]. Die Entwicklung der genannten Erzeugnisse wird u.a. durch den Bedarf an natürlichen Alternativen zu Antibiotika für den menschlichen Gebrauch [Reid und Friendship, 2002] als auch der Massentierhaltung [Patterson und Burkholder, 2003; Trevisi et al., 2008] voran getrieben.

III. Verwendung als Starterkultur in der Milchwirtschaft [Bergamini et al., 2005; Dimitrellou et al., 2007]. Diese Anwendung nimmt an Bedeutung zu, da in der Praxis der Trend zur direkten Inokulation des Lebensmittels mit konzentrierten Starterkulturen (*DVS, direct-to-vat set cultures*) besteht [Hansen, 2002].

IV. Verwendung als Biopestizid wie *Beauveria brongniartii* [Horaczek und Viernstein, 2004] und *Bacillus thuringiensis* [Teera-Arunsiri et al., 2003], sowie als biologisches Konservierungsmittel wie *Lb. coryniformis* Si3 [Schoug et al., 2008].

Einleitung

Der Fokus der vorliegenden Arbeit liegt in der Technologieentwicklung zur Stabilisierung des probiotischen Modelorganismus *Lb. acidophilus* NCFM durch optimierte Verfahren der Kultivierung, Aufarbeitung und Lagerung. Dazu soll zunächst ein Überblick über den aktuellen Wissensstand zur Prozessierung und Stabilisierung der Viabilität von Bakterien gegeben werden. Der erste Abschnitt befasst sich mit dem aktuellen Kenntnisstand der zugrundeliegenden Mechanismen, während im zweiten Abschnitt die wichtigsten anwendungsbezogenen Beispiele zur Stabilitätsbeeinflussung von LAB während der Prozessierung dargestellt werden.

2. Aktueller Stand des Wissens

2.1. Grundlagen zur Stabilisierung von Zellstrukturen

Bei der Herstellung von Bakterienpräparaten können enorme chemische und physikalische Belastungen für die Zelle auftreten. Dies kann zu hohen Verlusten der Viabilität und der funktionellen Eigenschaften der Zellen führen. Die während der Herstellung von Bakterienpräparaten am häufigsten auftretenden kritischen Einflüsse sind Hitze, Scherkräfte, osmotischer Stress und Dehydrierung. Dabei ist die Cytoplasmamembran (CM) und die mit ihr assoziierten Proteine am stärksten von eventuellen Beschädigungen betroffen [Leslie et al., 1995; Lievense und van 't Riet, 1993; Lievense et al., 1994]. Die CM dient der Zelle als

(1.) Permeabilitätsbarriere, d.h. Verhinderung des Auslaufens der Zelle und Wirkung als höchst selektive Barriere für den Stofftransport,

(2.) Proteinverankerung, d.h. Ort lebenswichtiger Proteine, die am Transport, bioenergetischen Vorgängen und der Chemotaxis beteiligt sind und

(3.) Energiekonservierung, d.h. Ort an dem die protonenmotorische Kraft erzeugt und verbraucht wird [Alberts et al., 2003],

und ist somit essentiell für das Überleben. Die CM ist im flüssig-kristallinen Zustand eine dynamische fließende Struktur, in der die meisten der Lipid- und Proteinmoleküle beweglich sind (Flüssig-Mosaik-Model). Die Fluidität der Membran ist für dessen Funktionalität essentiell. Wird das die CM umgebende Wasser entfernt oder wird die Temperatur unter die membranspezifische Phasenübergangstemperatur gesenkt, kommt es zum Phasenübergang vom physiologisch intakten flüssig-kristallinen Zustand zum gelartigen Zustand und somit zum Erliegen von Membrantransportprozessen und Enzymaktivitäten. Für die Konservierung von Mikroorganismen ist dieser Zustand anstrebenswert, da bio-/chemische Abbaureaktionen drastisch reduziert sind. Allerdings birgt sowohl der Ablauf des Phasenübergangs sowie das parallele Vorhandensein von unterschiedlichen Phasen innerhalb einer Zellstruktur die Gefahr vor fehlerhaften Molekülanordnungen (bspw. Packfehler und daraus resultierende Kanäle innerhalb der Zellmembran), die für die Zelle letal sind (siehe auch 2.1.2).

2.1.1. Zelluläre Schutzmechanismen

Bakterien sind in ihrem natürlichen Habitat wechselnden Umweltbedingungen ausgesetzt und in der Lage sich diesen anzupassen [Mitchell et al., 2009]. Dazu gehört ein Repertoire an Schutzmechanismen, mit denen intrazelluläre Schäden repariert und die Zelle robuster gegenüber letalen Umwelteinflüssen gemacht werden kann [Corcoran et al., 2008; de Angelis und Gobbetti, 2004; Mills et al., 2011; Sugimoto et al., 2008; van de Guchte et al., 2002; van Schaik und Abee, 2005]. Zur Anpassung gehört die erhöhte Expression von molekularen Chaperonen, welche die korrekte Faltung zellulärer Proteine gewährleisten, Proteasen, welche irreversibel geschädigte Proteine abbauen, Transportsysteme, welche die richtige Osmolarität der Zelle sicherstellen, Enzymsysteme zur Inaktivierung reaktiver Sauerstoff Spezies (ROS, reactive oxygen species) sowie Systeme zur Aufrechterhaltung des korrekten intrazellulären pH-Wertes wie Protonenpumpen, Decarboxylasen und aktive Transporter [Corcoran et al., 2008; Rochat et al., 2006]. Weitere Strategien zum Zellschutz sind die Akkumulation von osmotisch aktiven Substanzen sowie die Anpassung der Membranzusammensetzung. Wie aus den folgenden

Abschnitten ersichtlich wird, sind die Anpassungsreaktionen komplexe Zusammenspiele auf unterschiedlichen, teils übergreifenden Wirkebenen, die parallel ablaufen und als Ganzes dem Schutz der Zelle dienen.

2.1.1.1. Chaperon-System

Pro- und Eukaryonten können auf physikalische und chemische Reize wie bspw. Hitze, Kälte, Säure, UV-Strahlung, erhöhten Druck, osmotischen und oxidativen Stress, toxische Substanzen wie Schwermetalle und Ethanol und Nährstoffmangel sowie daraus resultierendes Quorum Sensing reagieren. Bspw. kommt es nach Hitzeeinwirkung im Zuge einer Schutzreaktion zu einer Signalkaskade, welche die erhöhte Expression spezifischer Proteine veranlasst, die den Zusammenbau, die korrekte Faltung und Translokation neu synthetisierter oder reversibel geschädigter Proteine unterstützen und so die Toleranz gegenüber dem Stress erhöhen [Abee et al., 2011; Corcoran et al., 2008]. In diesem sog. Chaperon-System binden zunächst Chaperone (darunter u.a. DnaK, DnaJ und GrpE) an die ungefaltete Aminosäurekette und verhindern ein vorzeitiges bzw. inkorrektes Falten dieser. Anschließend unterstützen Chaperonine (darunter u.a. GroEL und GroES) unter ATP-Verbrauch die korrekte Faltung, Aktivierung und Translokation des Proteins. Zusätzlich kommt es unter Stresseinwirkung zur erhöhten Expression von Proteasen (bspw. HtrA), welche die vermehrt auftretenden irreversibel geschädigten Proteine abbauen [Narberhaus, 2002].

Abhängig davon, ob die stressinduzierte Reaktion spezifisch ist, d.h. nur gegen diesen einen Stresstyp eine erhöhte Toleranz induziert wird, oder ob durch den Reiz ein schützender Effekt gegenüber anderen Stresssituationen ausgeübt wird, unterscheidet man in „spezifischer" und „allgemeiner" Stressantwort. Entsprechend ist es möglich, durch einen Reiz eine Anpassungsreaktion und somit erhöhte Toleranz gegenüber unterschiedlichen Einflüssen (*Kreuzresistenz*) zu induzieren, was theoretisch zur Stabilisierung der Zellen während der Herstellung, Lagerung und der Magenpassage ausgenutzt werden kann [Ross et al., 2005; Schmidt und Zink, 2000].

Es wird davon ausgegangen, dass ca. 20 - 30 % aller Proteine im Cytoplasma von Prokaryonten mit Hilfe von DnaK oder GroEL in ihre finale Konformation gebracht werden [Ewalt et al., 1997; Teter et al., 1999]. Nach Hitzestress kann das Chaperonin GroEL neben den gelösten Proteinen auch kurzzeitig die Faltung von membranassoziierten Proteinen unterstützen und somit stabilisierend auf die Cytoplasmamembran wirken [Török et al., 1997]. Zudem konnten Török und Mitarbeiter nachweisen, dass bei Hitzestress die Interaktion von GroEL kurzzeitig mit der Lipiddoppelschicht interagiert und diese festigt (gesenkte Fluidität), wodurch ein potentieller Schutz vor hitzeinduzierter Desorganisation [Mejia et al., 1999] in der Lipiddoppelschicht entsteht. Wird hingegen die Temperatur im umgebenden Milieu der Bakterien gesenkt, so nimmt die Membranfluidität ab und es kommt zur Reduzierung der Translation, Transkription und DNA Replikation. Infolge einer Kältestressanpassung kann eine Reihe an Kälteschockproteinen synthetisiert werden, durch die die Konzentration an kurzen und/oder ungesättigten Fettsäuren in der Zellmembran erhöht wird (erhöhte Fluidität) und so die Membranintegrität aufrecht erhalten wird [van de Guchte et al., 2002]. Im Rahmen der Stressantwort können auch vermehrt kleine Hitzeschockproteine (sHsp, *small heat shock protein*) gebildet werden, welche Chaperonfunktionen haben und zur Stabilisation der Cytoplasmamembran beitragen können

[Narberhaus, 2002].

2.1.1.2. Akkumulation protektiver Substanzen

Viele Bakterien sind in der Lage sich osmotischen Stress anzupassen, indem sie osmotisch aktive Substanzen, sog. kompatible Solute, durch *de novo*-Synthese bilden oder durch Aufnahme aus dem Medium intrazellulär anhäufen [Yancey, 2001]. Dabei handelt es sich um wasserlösliche organische Verbindungen, die, im Gegensatz zu bspw. Elektrolyten, auch bei hohen cytoplasmatischen Konzentrationen nicht mit dem Zellstoffwechsel interferieren [Brown, 1976; Galinski, 1995]. Kompatible Solute gehören unterschiedlichen Stoffklassen an, darunter Zucker (z.B. Trehalose, Saccharose), Polyole (z.B. Glycerol, Inositol), freie Aminosäuren (z.B. Prolin, Glutamat) und davon abgeleitete Derivate (z.B. Ectoin, Prolinbetain) [Smiddy *et al.*, 2004]. Primär schützen sie die Zelle bei Wasserentzug durch Aufrechterhaltung des Intrazellulären osmotischen Drucks [Brown, 1976]. Kompatible Solute können aber auch dem Schutz von Enzymfunktionen gegenüber Stressfaktoren wie erhöhter Temperatur, Salz, dem Einfrieren und Auftauen sowie der Trocknung dienen [Lippert und Galinski, 1992; Welsh, 2000]. Bspw. konnte mittels NaCl-Behandlung eine deutlich erhöhte *de novo*-Synthese verbunden mit einer Anhäufung des kompatiblen Solutes Betain in *Lb. plantarum*, *Lb. halotolerans* und *Enterococcus faecium* induziert werden [Kets *et al.*, 1996].

2.1.1.3. Fettsäurezusammensetzung der Zellmembran

Werden Bakterien dehydriert oder wird die Temperatur soweit erniedrigt, dass diese unter die membranspezifische Glasübergangstemperatur T_g sinkt, kommt es zum Phasenübergang der Membran vom flüssig-kristallinen zum amorphen Zustand. Dabei ist die Funktionalität der Membran nur im flüssig-kristallinen Zustand gegeben (siehe auch 2.1.2). Da T_g wesentlich durch die Zusammensetzung der Membran beeinflusst wird, ist dessen aktive Modifikation eine bestehende Schutzstrategie von Mikroorganismen [Steponkus 1995]. So können bei entsprechenden Umweltbedingungen kurzkettige, zyklische und/oder ungesättigte Fettsäuren teilweise selbst synthetisiert oder aus dem umgebenden Milieu aufgenommen werden. Durch gezielten Einbau in die Zellmembran kann so die Fluidität erhöht werden [Mejia *et al.*, 1999]. Dadurch kann die Funktionsfähigkeit der Zellmembran gegenüber ungünstigen Umweltbedingungen (z.B. Verlust des umgebenden Wassers) wie auch während der Prozessierung (z. B. dem Einfrieren und dem Trocknen) begünstigt werden. So führte bspw. die Zugabe von Polysorbat 80 (Tween 80) in das Fermentationsmedium zu einem Anstieg der C_{19}-Cyclopropan-Fettsäure Konzentration und daraus resultierend zu einer erhöhten Gefrierstabilität in *Lb. bulgaricus* [Goldberg und Eschar, 1977]. Weitere Beispiele, in denen die Fettsäurezusammensetzung gezielt beeinflusst und technologisch genutzt wurde sind in Abschnitt 2.1.3.1 dargestellt.

2.1.1.4. Weitere zelluläre Schutzmechanismen

Viele LAB sind in der Lage Exopolysaccharide (EPS) zu sekretieren, wobei diese in gelöster Form in das Medium abgegeben werden können oder verankert an der Zellmembran (CPS, *capsular polysaccharide*) vorliegen können [Marshall *et al.*, 2001]. Sie sind integriert in vielen biologischen Funktionen wie der Zelladhäsion, Zellkommunikation und Energiespeicherung. Außerdem können sie an der Ausbildung übergeordneter Strukturen, wie zellumschließenden Kapseln und Biofilmen, beteiligt sein [Badel et al., 2011]. Aufgrund ihrer physikalischen Barriereeigenschaften werden EPS viele schützende Funktionen wie dem Schutz vor Trockenheit, Phagozytose, Phageninfektion, Antibiotika, Toxinen und osmotischem Stress [Ruas-Madiedo et al., 2002] sowie Säure [Torino et al., 2001] und vom Magensaft ausgehenden Bedingungen [Koskenniemi et al., 2011] beigemessen.

Neben den dargestellten Systemen ist die Bakterienzelle mit weiteren zahlreichen regulatorischen Systemen ausgestattet, die der Anpassung und Aufrechterhaltung des zellulären Stoffwechsels dienen. Dazu gehören aktive Transportsysteme, welche die richtige Osmolarität der Zelle sicherstellen, Enzymsysteme wie Katalase und Superoxiddismutase zur Inaktivierung reaktiver Sauerstoff Spezies [Rochat et al., 2006] sowie Systeme zur Aufrechterhaltung des korrekten intrazellulären pH-Wertes wie Protonenpumpen, Decarboxylasen und aktive Transporter [Corcoran et al., 2008].

2.1.2. Schutzstoffe und dessen physiko-chemischen Wirkmechanismen

Technologien zur Herstellung von stabilen Bakterienpräparaten beinhalten in den meisten Fällen einen Gefrier- und/oder Trocknungsschritt. Die damit verbundene Entfernung von frei verfügbarem Wasser als Reaktionsmedium- und Partner bedingt ein Ausbleiben von Abbauprozessen und Stoffwechselaktivität und hat somit einen konservierenden Effekt auf die Mikroorganismen. Durch erneutes Auftauen bzw. Rehydrierung der Bakterien kann deren Viabilität und Vitalität theoretisch vollständig zurück erhalten werden. Da allerdings sowohl das Einfrieren und Auftauen, als auch die De- und Rehydrierung mit jeweils zwei Phasenwechseln innerhalb des Präparates sowie unphysiologischen Temperaturen und osmotischen Bedingungen verbunden ist, besteht ein großes Potential von irreparabler Schäden von Zellstrukturen [z.B. Santivarangkna et al., 2008].

Bei der Trocknung von Zellen können unterschiedliche Mechanismen und entsprechend unterschiedliche Angriffspunkte zur Inaktivierung führen. Bei moderaten Temperaturen (< 37°C) resultieren die meisten Schäden durch die Dehydrierung der Zellmembran und einem Verlust der Membranintegrität. Mit zunehmender Temperatur (> 60°C) kommt es zu hitzeinduzierten Denaturierungen von Proteinen wie Ribosomen und essentiellen Zellstrukturen [Lievense et al. 1994, Aljarallah und Adams, 2007].

Das beim Einfrieren größte Schädigungspotential geht von der Eisbildung aus. Dabei wirken zwei gegenläufige und sich überlagernde Mechanismen, die wesentlich von der Kühlrate abhängen und in der „Zwei-Faktor-Hypothese" von Gefrierschädigung beschrieben sind [Mazur et al., 1972]. Demnach hat eine hohe Kühlrate eine beschleunigte Bildung von Eiskristallen zur Folge, wodurch es sowohl zu einer verkürzten Zeit zwischen der Bildung erster Kristalle und dem vollständigen Erstarren der Lösung, als auch einem geringeren Grad der Entmischung von gefrorener und nicht-gefrorener Suspension, kommt. Mit zunehmender Kühlrate verringert sich somit die Wasserabgabe der Zelle, wodurch die Gefahr vor intrazellulärer Eisbildung steigt. Auf der anderen Seite erhöht sich bei geringeren Kühlraten die osmotische Belastung der Zellen, da diese für eine längere Zeitspanne den unphysiologisch hohen Konzentrationen der Restlösung ausgesetzt sind. In der Praxis muss die optimale Kühlrate für jeden Herstellungsprozess von gefrorenen Mikroorganismenpräparaten ermittelt werden, da diese sowohl von intrinsischen Faktoren wie der Membranzusammensetzung und –permeabilität, als auch der Anwesenheit von

Gefrierschutzmitteln (Kryoprotektiva), abhängt.

Allgemein können Schutzmittel die physiko-chemischen Eigenschaften des Bakterienpräparates während der Prozessierung beeinflussen. Zu ihnen gehören u.a. Polyole, Di- und Polysaccharide, Kompatible Solute, Proteine und Aminosäuren sowie komplex aufgebaute Substanzen wie Magermilch und Gelatine [Ananta et al., 2004; Morgan et al., 2006; Savini et al., 2010; Zdenek, 2003]. Eine mögliche Schutzwirkung ist die direkte Interaktion von Schutzstoffen mit zellulären Strukturen, so dass eine Zellstabilisierung während der Trocknung als auch der Rehydrierung ausgeht. Indirekt können Schutzsubstanzen aber auch als physikalische Barriere dienen und bspw. Hitzestress, der während der Trocknung, sowie osmotischen Stress, der während der Trocknung und Rehydrierung auftritt, mildern [Fu und Chen, 2011].

Die Schutzeffekte, die auf molekularer Ebene vor allem Membranlipide und Proteine betreffen, können auf unterschiedlichen, sich teils überschneidenden, Mechanismen beruhen. Diese sollen Im Folgenden kurz dargestellt werden.

Preferential Hydration

Betrachtet man zelluläre Strukturen wie die Phospholipiddoppelschicht oder die membrangebundenen Proteine, so kann davon ausgegangen werden, dass es zwei Arten von umgebendem Wasser gibt, welches sich in den physikalischen Eigenschaften unterscheidet: freies (strukturiertes) Mengenwasser und dichtes (schwach gebundenes) Hydratationswasser. Manche Ko-Solvenzien wie bestimmte Zucker, Glycerol, Aminosäuren und Polyole können aus energetischen Gründen den Aufenthalt in einer dieser beiden Wassertypen bevorzugen, wodurch es zu Konzentrationsänderungen um das Biomolekül kommt. Ein bevorzugter Ausschluss der Ko-Solvenzien (*preferential exclusion*) bzw. die Anreicherung von Wassermolekülen (*preferential hydration*) kann zu einer Stabilisierung der Hydrathülle führen und so einen schützenden Effekt bewirken [Yancey, 2001; Timasheff, 2002]. Da solch eine Wasseranreicherung diffusionsgetrieben ist, hat dieser Mechanismus nur im flüssigen System Relevanz und kann in einer Matrix unterhalb eines kritischen Wassergehaltes von ca. 0,3 $g_{H2O}/g_{Trockenmasse}$ nicht mehr wirken [Hoekstra et al., 2001].

Water Replacement

Wird der Bakterienzelle Wasser entzogen, kommt es zu einer Aufkonzentrierung bis hin zur Übersättigung der verbleibenden Lösung und zum Verlust der Hydrathülle. Dies kann Packfehler in der Phospholipiddoppelschicht sowie Aggregation essentieller Proteine zur Folge haben [de Valdez et al., 1985; Oliver et al., 1998]. Higl (2008) ermittelte einen kritischen Restwassergehalt von 15 - 20 %, unterhalb dem es zu deutlich erhöhten Absterberaten in Bakterienpräparaten kam, und begründete dies durch den Verlust essentiellen Strukturwassers. Bestimmte Substanzen wie nichtreduzierende Zucker können ähnliche funktionelle Eigenschaften wie Wasser aufweisen und die Zellmembran stabilisieren. Dabei binden sie über Wasserstoffbrücken an die polaren Gruppen der Phospholipide und Proteine und können so eine stabilisierende Schutzschicht ausbilden [Crowe et al., 1998]. In Abb. 1 sind mögliche Mechanismen zur Membranstabilisierung schematisch dargestellt.

Aktueller Stand des Wissens

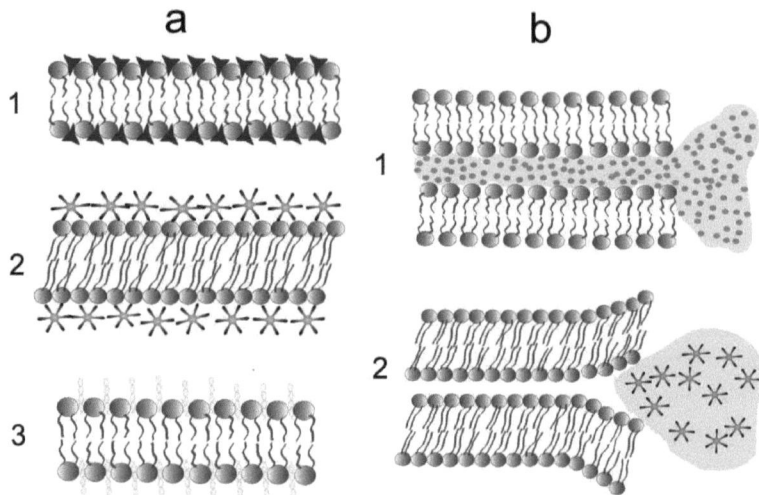

Abb. 1: Graphische Darstellung unterschiedlicher Schutzeffekte auf die Phospholipiddoppelschicht [nach Santivarangkna et al., 2008].
Nach der „Water Replacement" Theorie können Zucker mit den polaren Kopfgruppen der Phospholipide wechselwirken und dabei die Übergangstemperatur der Membran (T_m) herabsetzen (a1). Große polymere und starre Zucker wie Dextrane passen nicht zwischen die Kopfgruppen (a2), wohingegen flexible wie Inulin zwischen die Spalten eindringen und eine schützende Wirkung ausüben können (a3). Im Gegensatz dazu wird bei der „Hydration Force Explanation" davon ausgegangen, dass Zucker T_m ohne spezifischer Interaktion mit den Kopfgruppen herabsetzen können, d.h. durch osmotische und räumliche Effekte und durch Verglasung der Zucker zwischen den Membranen (b1). Großmolekulare Zucker sind hingegen nicht in der Lage T_m zu reduzieren, da sie weniger osmotisch aktiv sind und bei Wasserreduktion aus dem Intermembranraum ausgeschlossen werden (b2). Dadurch haben diese weniger Einfluss auf den Verglasungseffekt.

Glaszustand

Als Glas kann eine übersättigte, thermodynamisch instabile Flüssigkeit mit einer sehr hohen Viskosität (10^{12-14} Pas) definiert werden. Der Glaszustand wird unterhalb der stoffspezifischen Glasübergangstemperatur T_g durch Absenkung der Temperatur einer Lösung oder Wasserentfernung aus dieser erreicht. Der Glasübergang ist ein wichtiger Effekt der die Mechanismen von physiko-chemischen Prozessen in Lebensmitteln und somit deren Haltbarkeit beeinträchtigt. Oberhalb der Glasübergangstemperatur besteht eine erhöhte molekulare Mobilität, so dass diffusionsabhängige Reaktion wie Enzym- und Oxidationsreaktionen, beschleunigt ablaufen können [Lievense et al., 1994; Lievonen und Roos, 2002; Slade und Levine, 1991].

Higl (2008) konnte zeigen, dass die Glasübergangstemperatur eines Bakterienpräparates alleinig durch die verwendete Matrix, und nicht von den Mikroorganismen, bestimmt wird.

Aus kinetischer Sicht unterstützen Kryoprotektiva wie bspw. Trehalose [Green und Angell, 1989] die Bildung von glasartigen (amorphen) Feststoffen während des Einfrierens, indem sie mit der Zellmembran interagieren und die membranspezifische Glasübergangstemperatur erhöhen [Rudolph et al., 1986]. Durch diese Verschiebung können die Zellen bei höheren Prozesstemperaturen sowie einem erweiterten Temperaturbereich in einen amorphen Zustand überführt werden, was mit einer reduzierten Eiskristallbildung und den damit verbundenen zellulären Schäden einhergeht.

2.1.3. Einflüsse während der Fermentation (*Upstream Processing*)

Die Produktion von konzentrierten LAB-Kulturen wird industriell meist in Batch-Fermentationen unter geregelten Temperatur- und pH-Bedingungen durchgeführt und Zellen bei hoher Biomasse und Vitalität in der späten logarithmischen Wachstumsphase bis stationären Wachstumsphase geerntet [Maus und Ingham, 2003]. Unterschiedliche Maßnahmen während der Herstellung wurden untersucht, um die Viabilität der, meist als Starter oder Probiotika verwendeten, Zellen während der weiteren Verarbeitung zu erhöhen.

2.1.3.1. Fermentationsmedium

Bei der Wahl des Nährmediums zur Herstellung von konzentrierten LAB müssen grundsätzliche Punkte wie Kosten, erzielbare Anzahl an lebenden und aktiven Mikroorganismen und Eigenschaften während der Zellernte, berücksichtigt werden [Stanley, 1977]. Im Hinblick eines menschlichen Verzehrs müssen Ursprung der Inhaltsstoffe (bspw. bzgl. Komponenten tierischen Ursprungs und gentechnisch veränderten Organismen), Einfluss auf die spätere Zellstabilität, aber auch der Einfluss auf funktionelle (bspw. probiotische) Eigenschaften der Zellen, mitberücksichtigt werden. Im speziellen Fall der Lactobacillaceae muss, um diesen Punkten gerecht zu werden, der überdurchschnittlich hohe Nährstoffbedarf dieser Gattung berücksichtigt werden [Morishita *et al.*, 1981].

Tween 80 (Polysorbat 80) wird nicht nur häufig als essentieller Wachstumsfaktor für Lactobacillen angegeben [Ananta *et al.*, 2004; Endo *et al.*, 2006], die Anwesenheit im Fermentationsmedium kann auch zu einem erhöhten Verhältnis von ungesättigten zu gesättigten Fettsäuren innerhalb der Zelle und dadurch verbesserte Gefrierstabilität von Lactobacillen [Goldberg und Eschar, 1977b; Gomez Zavaglia *et al.*, 2000; Smittle *et al.*, 1972; Smittle *et al.*, 1974] und Streptococcen [Beal *et al.*, 2001] führen. Die Zugabe von Calcium in das Fermentationsmedium führte zu einer erhöhten Gefrierstabilität von *Lb. acidophilus* [Wright und Klaenhammer, 1981] und *Lb. bulgaricus* [Wright und Klaenhammer, 1983a; b]. Trofimova *et al.* (2010) berichten über eine erhöhte Toleranz gegenüber der Trocknung von der Hefe *S. cerevisiae*, wenn dem Nährmedium Calcium- oder Magnesiumionen zugegeben werden, und begründen den Effekt mit einer membranstabilisierenden Wirkung.

Die Zugabe von Gummi arabicum erhöhte die Überlebensrate von *Lb. paracasei* bei Stressbehandlungen mit Hitze, Gallensaft und Wasserstoffperoxid sowie während der Sprühtrocknung [Desmond *et al.*, 2002]. Es wurde dabei davon ausgegangen, dass die Schutzwirkung durch eine direkte Verkapselung der Zelle durch das Polysaccharid verursacht wird. Ähnliche Effekte können von Exopolysacchariden (EPS) ausgehen, welche von vielen Bakterien frei in das Medium sekretiert werden oder sich direkt als Film um die Zelle ziehen (CPS, *capsular polysaccharide*). Die Produktion von EPS wurde in Zusammenhang mit einer erhöhten Toleranz gegenüber Gallensalz und sauren pH-Stress in *Bifidobacterium* spp. gebracht [Alp und Aslim, 2010]. Genetisch veränderte Zellen von *Lb. paracasei*, welche das EPS β-Glucan überproduzierten, zeigten deutlich erhöhte Toleranzen gegenüber Hitze, Säure, Galle und künstlichen Magensäften [Stack *et al.*, 2010]. Eine weitere angewandte Strategie zur Voradaption der Zellen gegenüber bevorstehendem osmotischem Stress, wie er bei der Trocknung auftritt, ist die Zugabe von kompatiblen Soluten (siehe 2.1.1.2). So konnte Streeter (2003) eine deutliche Stabilitätssteigerung während der Trocknung von *Bradyrhizobium japonicum* erzielen, wenn dem Nährmedium Trehalose zugesetzt wurde. Eine Voraussetzung für die schützende Wirkung des Zweifachzuckers ist allerdings, dass dieser nicht von den Zellen verstoffwechselt wird und in der Zelle akkumuliert. Cerrutti *et al.* (2000) konnten ebenfalls durch ein gezieltes Fed-Batch Verfahren die Akkumulation von Trehalose in *S. cerevisiae* realisieren (bis zu 20 % der Biotrockensubstanz) und dadurch die Überlebensraten nach anschließender Gefrier- sowie Vakuumtrocknung erhöhen.

2.1.3.2. Fermentationsbedingungen

Für die industrielle Fermentation von LAB wird normalerweise die optimale Wachstumstemperatur verwendet [Speckman *et al.*, 1974] und der pH-Wert aufrechterhalten [Peebles *et al.*, 1969]. Über den Einfluss der pH-Wert Kontrolle gibt es unterschiedliche Aussagen. Eine erhöhte Gefrierstabilität einer pH-kontrollierten Kulturführung wird für Lactococcen [Jakubowska *et al.*, 1980] sowie Lactobacillen [Gilliland und Rich, 1990; Linders *et al.*, 1997] beschrieben. Beal *et al.* (2001) ermittelten die höchste Gefrier-Toleranz in Streptococcen, wenn der pH-Wert unterhalb des Optimums liegt. Andere Resultate wurden für *Lb. acidophilus* beschrieben, welcher nach unkontrollierter Ansäuerung der Kulturbrühe höhere Resistenzen gegenüber dem Gefrieren und der gefrorenen Lagerung [Wang *et al.*, 2005], aber auch der Gefriertrocknung und einzelnen Substanzen wie Ethanol und Wasserstoffperoxid [Lorca und Valdez, 2001] zeigt. Die Kulturführung ohne pH-Kontrolle konnte ebenfalls die Überlebensrate nach der Sprühtrocknung für *Lb. delbrueckii* ssp. *bulgaricus* gegenüber der bei einem konstanten pH von 6,5 verbessern [Silva *et al.*, 2005]. Bauer *et al.* (2011) unterschieden in Ihren Untersuchungen zwischen niedrigen pH-Werten und Säurestress. Dabei zeigten sie, dass Säurestress während der Fermentation die Stabilität von *Lb. paracasei* bei anschließender Vakuumtrocknung positiv beeinflusst.

Bei der Wahl des Korrekturmittels beschreibt Mäyrä-Mäkinen (2004) die Verwendung von Ammoniumhydroxid als vorteilhaft bezüglich der Ausbeute unterschiedlicher Lactobacillen. Bezüglich der Gefrierstabilität wird dem Korrekturmittel kein Effekt zugeschrieben [Peebles *et al.*, 1969].

Durch Senkung der Wachstumstemperatur von 37 auf 25°C konnten Murga *et al.* (2000) eine erhöhte Toleranz gegenüber Gefrier-Auftau-Zyklen in *Lb. acidophilus* induzieren. Dabei wurde als Ursache eine erhöhte Konzentration an C18:2 und C16:0 Fettsäuren, welche zu einer verbesserten Membranfluidität führen, ermittelt. Dagegen wurde für Lactococcen über die höchste Gefrierstabilität bei der optimalen Wachstumstemperatur berichten [Baumann und Reinbold, 1966].

Kets *et al.* (1996) untersuchten den Einfluss eines durch NaCl verursachten osmotischen Schocks auf *Lb. bulgaricus*, *Lb. plantarum*, *Lb. halotolerans* und *E. faecium* und detektierten in den letzten drei Stämmen deutliche Akkumulationen des kompatiblen Solutes Betain und eine daraus resultierende erhöhte Toleranz gegenüber anschließender Trocknung. Dagegen konnte in *Lb. bulgaricus* weder durch osmotischen Schock noch durch Zugabe von Betain in das Nährmedium eine Anhäufung induziert werden, wodurch eine Stabilitätssteigerung bei der Trocknung ausblieb. Ein durch Anhäufung von kompatiblen Soluten erzeugter Kreuz-Schutz in *Lb. paracasei* konnte ebenfalls von Desmond *et al.* (2001) bei anschließendem Hitzestress ermittelt werden.

Abhängig von den Bedingungen im Nährmedium befindet sich eine Bakterienpopulation in einer definierbaren Wachstumsphase. Herrschen keinerlei Limitierungen, so wird sich annähernd jedes Bakterium ungehindert teilen und das Nettowachstum der Population ist exponentiell. Mit zunehmendem Nährstoffverbrauch und steigenden Konzentrationen an primären und sekundären Stoffwechselprodukten kommt es zunehmend zu inhibierenden Ereignissen und so zu einer Reduktion der jeweiligen Teilungsrate sowie zunehmend absterbenden Zellen. Abhängig vom Organismus und den herrschenden Bedingungen erreicht das Nettowachstum der Bakterienpopulation nach einer bestimmten Zeit ein Nulllevel und wird mit zunehmender Zeit weiter sinken (Absterbephase). Die durch das Wachstum der Kultur entstehende Stresssituation, welche bspw. Säurestress oder Kohlenstofflimitierung sein kann, und die damit verbundene zelluläre Anpassungsreaktion, kann einen nachhaltigen Einfluss auf die Robustheit der Zellen haben. So führte eine Ernte in der stationären Wachstumsphase zu der höchsten Toleranz gegenüber einem anschließenden Einfrierprozess in Lb. acidophilus [Brashears und Gilliland, 1995] und Streptococcus thermophilus [Morice et al., 1992], sowie während der Trocknung für unterschiedliche Lactobacillen [Corcoran et al., 2004; Linders et al., 1997]. Ebenso führte eine zunehmende Fermentationszeit von Lb. coryniformis zu einer erhöhten Konzentration an ungesättigten Fettsäuren in der Zellmembran, was eine erhöhte Toleranz bei der anschließenden Gefriertrocknung bedingte [Schoug et al., 2008].

2.1.3.3. Verfahrenstechnische Induktion von zellulären Schutzmechanismen

Zelluläre Anpassungsreaktionen auf Umweltveränderungen wurden bereits in Abschnitt 2.1.1 beschrieben. Das damit verbundene Potential, geringere Absterberaten von adaptierten Bakterien während der Prozessierung zu erhalten, ist von industriellen Interesse. Grundsätzlich gibt es dabei zwei Möglichkeiten, zelluläre Schutzreaktionen für einen Produktionsstamm auszunutzen:
1) Verfahrenstechnisch durch Induktion eines milden oder subletalen Stresses unter dem die Zelle noch zur Anpassung befähigt ist, idealerweise während der Fermentation.
2) Gentechnisch durch gezielte Modifikation der bakteriellen Erbinformation und bspw. Überexpression schützender Moleküle bzw. Veränderungen von Zellstrukturen.

Durch den enormen Fortschritte der Gen-, Prote,- Transkript- und Metabolomics sind heutzutage eine Vielzahl an Biomarkern bekannt und quantifizierbar, mit dessen Hilfe zelluläre Stressadaption und Produktstabilität gezielter korrelierbar sind [den Besten et al., 2011].
Broadbent und Lin (1999) konnten in unterschiedlichen Lactococcus Stämmen mittels Hitzeschock einen erhöhten Anteil an C_{19}-Cyclopropan-Fettsäuren und mittels Kälteschock ein erhöhtes Verhältnis von ungesättigten zu gesättigten Fettsäuren induzieren. Beide Temperaturbehandlungen führten zu signifikanten Stabilitätssteigerungen während des Einfrierens und der Gefriertrocknung. Die Autoren betonten aber auch die Komplexität der Ergebnisse, da veränderte Membranzusammensetzungen auch in Stämmen nachgewiesen wurden, dessen Stabilitäten nicht beeinflusst wurden.
In verschiedenen Milchsäurebakterien konnte ein erhöhtes Verhältnis an Cyclopropan-Fettsäuren nach osmotischen Stress [Guillot et al., 2000] und durch Galle verursachten Stress [Koskenniemi et al., 2011; Taranto et al., 2003] nachgewiesen werden. Weiter konnte durch Säurestress das Fettsäureprofil zugunsten zyklischer und/oder ungesättigter Fettsäuren in unterschiedlichen Lactobacillen erhöht werden [Montanari et al., 2010; Streit et al., 2008; Zhao et al., 2009]. Durch Vorbehandlung von Lb. acidophilus CRL 639 mit milden Säurestress (pH 5,0, 60 min) konnte

Aktueller Stand des Wissens

eine erhöhte Toleranz gegenüber anschließender letaler Säurebehandlung (pH 3,0) erzielt werden [Lorca et al., 2002]. Dabei bestand eine Korrelation zur erhöhten Synthese verschiedener Stressproteine. In Lb. rhamnosus GG führte eine Vorbehandlung mit hydrostatischem Druck zu einer erhöhten Resistenz gegenüber anschließendem letalem Temperaturstress [Ananta und Knorr, 2004]. Durch Vorkühlung der Zellsuspension vor dem Einfrieren konnte eine erhöhte Kryo- [Broadbent und Lin, 1999] und Lyotoleranz [Broadbent und Lin, 1999] in Lactococcen induziert werden.

Desmond et al. (2004) induzierten durch eine Temperatur-Vorbehandlung (15 min, 52°C) eine erhöhte Stabilität von Lb. paracasei NFBC 338 während anschließendem Hitzestress (700fache Verbesserung) sowie der anschließenden Sprühtrocknung (18fache Verbesserung), gegenüber unbehandelten Zellen. Proteomanalytische Untersuchungen ergaben dabei erhöhte Expressionen von mindestens 12 Proteinen, wobei die stärkste Zunahme für das Chaperon GroEL verzeichnet werden konnte.

2.1.4. Technologien zur Stabilisierung während des Downstream Processing

Bei der Prozessierung von Mikroorganismen selbst kann es, je nach technologischen Verfahren, zu Extrema bezüglich physikalischer und chemischer Parameter wie Temperatur, Scherung, Osmolarität, Wasserverlust, Radikalbildung und pH-Werten kommen.

Um die Haltbarkeit eines Bakterienpräparates, d.h. die Konzentrationen an lebenden Bakterien, möglichst lange aufrecht zu erhalten, kann allgemein gesagt werden, dass die vier Größen Temperatur, Wasseraktivität, Sauerstoffgehalt und Lichtintensität, durchweg minimiert werden müssen.

Bei der Verwendung von Mikroorganismen zur Nahrungsmittelproduktion, wie Starterkulturen oder Probiotika, ist es gängig, dass sich Firmen gezielt auf dessen Herstellung und Vertrieb spezialisieren. Daraus resultierend kommen auf die hergestellten Kulturen bis zur Weiterverarbeitung teils lange Transportwege und Lagerzeiten zu. Um die Lebensfähigkeit (Viabilität) als auch die funktionellen Eigenschaften (Vitalität) der Mikroorganismen ausreichend zu erhalten, ist eine Konservierung notwendig.

2.1.4.1. Gefrieren

Unabhängig davon, ob Bakterienkulturen zur Konservierung selbst oder als Vorbereitung einer anschließenden Trocknung auf Temperaturen knapp über oder unterhalb des Gefrierpunktes abgekühlt werden, die damit einhergehenden chemisch-physikalischen Phänomene bedingen enorme physiologische Veränderungen in den einzelnen Organismen (siehe 2.1.2), was zu Schäden an der Zellmembran und Zellwand und somit zu einer Abnahme der Lebendzellkonzentration führen kann [Mazur, 1970]. Durch Verwendung von Kryoprotektiva können diese Schäden minimiert werden, so dass gefrorene Kulturen bei entsprechender Präparation jahrzehntelang bei niedrigen Temperaturen (z.B. -70°C) gelagert werden können, und dabei hohe Überlebensraten nach der Rehydrierung aufweisen.

In Untersuchungen von Tsvetkov und Shishkova (1982) wird dargestellt, dass der Großteil der Bakterieninaktivierung während der Gefriertrocknung durch den Gefrierschritt verursacht wird. Weiter wird berichtet, dass 60-70 % der Zellen, welche den Gefrierschritt überleben, auch den anschließenden Trocknungsschritt überstehen [Fonseca et al., 2000; To und Etzel, 1997]. Für LAB werden in der Praxis die höchsten Überlebensraten nach schnellem Einfrieren und schnellem Auftauen beschrieben [Baumann und Reinbold, 1966].

2.1.4.2. Trocknung

Die Trocknung ist die effektivste und ökonomischste Methode um langzeitstabile Bakterienpräparate herzustellen, die unter kostengünstigen Bedingungen lagerfähig, gut zu Handhaben und für die direkte Anwendung im (funktionellen) Lebensmittel geeignet sind [Meng 2008]. Dabei wird Wasser als Reaktionsmedium und -partner entfernt. Dadurch kommt es weiter zu einer Konzentrierung der Biomasse und Gewichtsreduktion des Präparates, was die Transportkosten senkt und den Einsatz höherer Bakterienkonzentrationen im Endprodukt ermöglicht.

Sublimationstrocknung

Das klassische und schonendste Verfahren um sensitive Produkte wie Mikroorganismen zu trocknen ist die Gefriertrocknung (Lyophilisation). Dabei wird das in den gefrorenen Zustand versetzte Wasser zum Großteil durch Sublimation (Primär-/Haupttrocknung) und zum geringen Teil durch Desorption (Sekundär-/Nachtrocknung) aus dem Präparat entfernt. Dieser Sublimationsschritt führt im Vergleich zur konvektiven Trocknung zu geringeren zellulären Schäden. Dadurch weisen Bakterienpräparate, die mittels konvektiven Trocknungsmethoden hergestellt wurden, im Allgemeinen geringere Überlebensraten und unvorteilhafte Vitalitäten (bspw. eine längere lag-Phase bei Starterkulturen) auf [Santivarangkna et al., 2007].

Konvektionstrocknung

Weitere Trocknungsmethoden sind bereits auf einem Entwicklungsstand, dass sie alternativ zur Gefriertrocknung eingesetzt werden können [Desobry et al., 1997; Lievense und van 't Riet, 1993; Santivarangkna et al., 2007]. Dazu gehören die Sprüh- [Corcoran et al., 2004], Wirbelschicht- [Bayrock und Ingledew, 1997] und Vakuumtrocknung [Higl et al., 2008; Santivarangkna et al., 2007].
Viele Publikationen haben sich mit der Trocknung von LAB mit unterschiedlichsten Schutzstoffen und unterschiedlichen Verfahren beschäftigt. Nachfolgend werden ausgewählte und vielversprechende Beispiele mit der jeweils angewandten Methode, dem Mikroorganismus, der Überlebensrate und der jeweiligen Schutzmatrix dargestellt und der hohe Entwicklungsstand verdeutlicht. Ausführlichere und vergleichende Zusammenfassungen können zudem aus mehrzähligen Reviews entnommen werden [Fu und Chen, 2011; Santivarangkna et al., 2007].
Gardiner et al. (2002) berichten über die Herstellung von sprühgetrockneten *Lb. paracasei* Starterkulturen (Schutzmatrix: 20 % Magermilch) im Pilotmaßstab (300 l) bei einer Überlebensrate von 84,5 %. Hohe Überlebensraten während der Sprühtrocknung werden weiter für *Enterococcus faecium* M74 (~100 %; in einem PVP-Dextran Gemisch) [Millqvist 2000], *Lb. paracasei* NFBC 338 (95 %; in 20 % Magermilch, 0,5 % Hefeextrakt) [Gardiner 2000], *Lb. salivarius* CTC 2197 (~100 %; in 11 % Magermilch) [Silvia et 2002], *Tsukumurella paurometabola* (93,2 %; in 10 % Saccharose) [Hernandez 2007] und *Lb. plantarum* CFR 2193, *Lb. salivarius* CFR 2158, *Pediococcus acidilactici* CFR2193 (jeweils ~100, ~100 und ~97 %; in 10 % Magermilch oder 10 % Maltodextrin) [Reddy 2009] berichtet.
Erfolgreiche Ergebnisse wurden ebenfalls für die Wirbelschichttrocknung von *Lb. plantarum* RD

263, Lb. bulgaricus RD546 (jeweils ~100 und <10 %; in Caseinpulver) [Mille et al., 2004], S. cerevisiae (~100 %; in Weizenmehl) [Mille et al., 2005a] und für die Trocknung im Umluftofen von Kefir Co-Kulturen (~90 %; in Casein) [Dimitrellou et al., 2009] beschrieben.
Aktuelle Vergleiche der Niedrigtemperatur-Vakuumtrocknung und Gefriertrocknung von Bauer et al. (2011) zeigten gleiche Überlebensraten für Lb. paracasei sowie zehnfach höhere Überlebensraten für vakuumgetrocknete Lb. delbrueckii Kulturen. Höhere Überlebensraten (~90 %) von vakuumgetrockneten Saccharomyces cerevisiae gegenüber lyophilisierten wurden auch von Cerrutti et al. (2000) erzielt.
Zusammenfassend lässt sich sagen, dass alternative Trocknungsmethoden zur Gefriertrocknung soweit fortgeschritten sind, dass mit diesen Verluste unterhalb 20 % erzielbar sind und dadurch das Repertoire möglicher Methoden erhöht ist. Es ist abzusehen, dass die zukünftige Wahl eines geeigneten Trocknungsverfahren weniger von dem jeweiligen Verlust der Bakterien abhängt, als dass die jeweils charakteristischen Eigenschaften des Präparates (z.B. Schutzpotential während der Lagerung und der Magenpassage), sowie Kosten bei einer industriellen Massenherstellung, ausschlaggebend sein werden. Hier liegt der größte Nachteil der Gefriertrocknung, da diese verhältnismäßig hohe Energiekosten und lange Prozesszeiten beansprucht [Desobry et al., 1997; Knorr, 1998; Lievense und van 't Riet, 1993; Santivarangkna et al., 2007].

2.1.4.3. Mikroverkapselung

Es besteht eine Vielzahl an physiko-chemischen und mechanischen Technologien, um sensitive und bioaktive Substanzen in Kleinstpartikel mit speziellen funktionalen und Produkt-schützenden Eigenschaften zu integrieren. Gemäß der Anordnung von Wertstoff und umgebender Matrix kann grundsätzlich in den Reservoir-Typ und Matrix-Typ unterschieden werden [Zuidam et al., 2010]. Bei ersterem wird ein Kernmaterial vollständig von einem Hüllmaterial umschlossen, so dass der Vorgang auch als Verkapselung (encapsulation) bezeichnet wird. Beim Matrix-Typ wird der Wertstoff innerhalb einer Matrix, wie z.B. einem Gel oder Teig, gleichmäßig verteilt, weshalb von einer Einschließung (entrapping) oder Einbettung (embedding) gesprochen wird. Durch Kombination der beiden Verkapselungs- und Einbettungsverfahren können Partikel generiert werden, welche sich in der Anordnung bzw. Verteilung von Hüll- und Kernmaterial unterscheiden und so zu charakteristischen Phasenmorphologien im Partikel führen [Pothakamury und Barbosa-Canovas, 1995], welche die Partikeleigenschaften entscheidend bestimmen. Eine einfache und sehr erfolgreiche Kombination ist bspw. die Beschichtung oder Coating, d.h. die Verkapselung von einer mit Wertstoff (z.B. Probiotika) beladenen Matrix.
Die Mikroverkapselung bioaktiver Stoffe wird vielseitig in der Pharma-, Agrar- und Lebensmittelindustrie angewendet. Dabei können in Lebensmitteln unterschiedliche funktionale Aufgaben erfüllt werden [Gharsallaoui et al., 2007]: Kontrolle oxidativer Reaktionen, Maskierung von Geschmäcken, Farbe und Geruch, Erhöhung der Haltbarkeit, Verbesserung der Prozessierbarkeit, zeitliche und räumliche Kontrolle der Wertstoffabgabe, u.v.m.. Bei der Verkapselung von Probiotika steht dabei hauptsächlich der Schutz vor schädlichen Umwelteinflüssen zum Erhalt der Viabilität im Vordergrund [Champagne et al., 1994]. Bspw. kann bei der Lagerung von trockenen Produkten der Kontakt mit Sauerstoff, UV-Licht und Wasser, und bei der Einnahme des Produktes ein vorzeitiger Kontakt mit aggressiven Magensäften, verhindert werden.

Verfahren zur Mikroverkapselung von Probiotika können unterschieden werden in solche bei denen die Probiotika als Dispersion vorliegen und welche bei denen ein bereits als Feststoff vorliegendes Material (bspw. pulverförmiges Lyophilisat) gecoated und agglomeriert wird [Burgain et al., 2011]. Für die Verkapselung dispergierter Probiotika werden vor allem Zerstäubungsverfahren, wie die Sprühtrocknung und die Sprüh-Gefriertrocknung, und Emulgierverfahren angewendet. Bei letzterem Verfahren kann die Verfestigung der umschließenden Matrix entweder chemisch (z.B. $CaCl_2$ + Alginat), enzymatisch (z.B. Casein + Lab [Heidebach 2009]) oder mittels Grenzflächenpolymerisation [Kailaspathy 2002] stattfinden. Eine umfassende Zusammenstellung unterschiedlicher Verfahren zur Verkapselung von Probiotika und der Integration in Lebensmitteln bieten die Arbeiten von Burgain et al. (2011) und Kuang et al. (2010).

2.1.4.4. Lagerung

Allgemein bedingen Faktoren, welche eine freie Molekülbewegung gewährleisten und (bio-) chemische Prozesse begünstigen, eine Abnahme der Zellviabilität während der Lagerung. Für die Stabilisierung von Bakterienpräparaten gilt es in der Praxis die Temperatur, die Menge an verfügbarem Wasser sowie die Einwirkung von (Luft-) Sauerstoff und Licht zu minimieren [Fu und Chen, 2011].

Temperatur

Die Abnahme der Lebendzellzahl innerhalb eines Bakterienpräparates kann durch enzymkatalysierte und/oder rein chemische Reaktionen verursacht werden. Bei einem komplexen Vorgang wie der Abnahme der Lebendzellkonzentration kann im einfachsten Fall das Resultat aufsummierter Abbaureaktionen erfasst werden. Dabei ist mindestens eine erforderliche Eigenschaft, durch die die Zelle als lebendig charakterisiert bzw. nachgewiesen wird, nicht mehr erfüllt (z.B. die Vermehrungsfähigkeit). Für die meisten Reaktionen ist dabei die Reaktionsgeschwindigkeit direkt von der Temperatur abhängig, was im einfachsten Fall durch die Arrhenius-Gleichung beschrieben werden kann [Santivarangkna et al., 2006].

Es kann gesagt werden, dass ab dem Zeitpunkt, an dem die Umweltbedingungen nicht mehr optimal sind und Nährstofflimitierungen (wie sie in einer dichten Kulturbrühe vorherrschen) oder drastische Umweltveränderungen (wie bei der Weiterverarbeitung der Zellen) vorhanden sind, die Temperatur gegen jede einzelne Zelle wirkt. Im kleinen Maße können bei vegetativen Zellen aktive Schutzmechanismen zu einer Adaption an kritische Temperaturänderungen beitragen (2.1.2), doch mit zunehmend drastischen Veränderungen sind die Zellen diesen ausgeliefert, so dass es durch erhöhte Reaktionsraten, Proteindenaturierung und Wasserentzug vermehrt zu irreversiblen Zellschäden kommt.

Wasseraktivität

Wasser kann auf unterschiedliche Weise in bzw. an Materialien gebunden sein: Durch chemische Reaktion (Kristallwasser), Hydratbildung, Adsorption (elektrostatische Anziehung und van der-Waals'sche Kräfte), Diffusion von Wasser in Molekülstrukturen und Kapillarkräfte. Je geringer die kinetische Energie der Bindung ist, desto mehr trägt dieses Wasser zu dem Wasserdampfdruck an der entsprechenden Materialoberfläche bei. Als Maß des frei verfügbaren Wassers wird die Wasseraktivität a_W herangezogen, welche als Quotient des Wasserdampfdrucks über einem

Material zu dem Wasserdampfdruck über reinem Wasser bei einer bestimmten Temperatur definiert ist. Je nach Hygroskopizität eines Materials wird dieses solange Wasser ab- bzw. desorbieren, bis ein Gleichgewichtszustand erreicht ist. Unter diesen Bedingungen und bei konstanter Temperatur ist der a_W-Wert gleich dem Wasserdampfdruck der umgebenden Atmosphäre, der sog. Gleichgewichtsfeuchte. Für die Lagerung von gefriergetrockneten LAB-Präparaten gaben Ishibashi et al. (1985) als optimalen a_W-Wert einen Bereich von 0,1 – 0,2 % an. Unterhalb von 0,1 % nahm die Viabilität der enthaltenen Bakterien wiederum ab, was auf das Vorhandenseins eines kritischen Restfeuchtegehalts in der Zelle schließen lässt, unter dem essentielle Molekül- und/oder Zellstrukturen irreversible geschädigt werden.

Rolle des atmosphärischen Sauerstoffs

Um den Einfluss des Sauerstoffs bzw. der daraus potentiell generierbaren radikalen Verbindungen während der Lagerung zu minimieren, kann entweder eine Schutzatmosphäre verwendet werden, oder Sauerstoff-Derivate chemisch mittels Reduktionsmittel gebunden werden. Dabei muss die Wahl des Reduktionsmittels mit dem Produkt abgestimmt sein. So kann bspw. die kostengünstige und häufig verwendete Ascorbinsäure in bestimmter Situation als zweischneidiges Schwert angesehen werden, da bei der Kombination von Ascorbinsäure und freien Proteinen in einer trockenen Matrix die metallkatalysierte Bildung von freien Radikalen begünstigt wird [Heckley und Quay, 1983].

In der Arbeit von Anderson et al. (1999) zeigten gefriergetrocknete *Streptococcus thermophilus* Präparate deutlich höhere Lagerstabilitäten unter Stickstoff- statt Luft-Atmosphäre. Als Hauptursache konnte eine verminderte Lipidoxidation bei Ausschluss von Sauerstoff aufgezeigt werden. Castro et al. (1995) stellten ebenfalls dar, wie mit zunehmender Lagerungszeit trockener *Lb. bulgaricus* Präparate das Verhältnis von ungesättigten zu gesättigten Fettsäuren abnahm und schlussfolgerten erhöhte Raten von Lipidoxidation in der Zellmembran.

2.2. Organismenabhängige Faktoren

Die Stabilität der Viabilität eines Mikroorganismus bei wechselnden Umweltbedingungen bzw. während der technologischen Verarbeitung wird von einer Vielzahl intrinsischer, d.h. organismenspezifischer Faktoren, beeinflusst. Aus der Fülle an Untersuchungen lassen sich wie folgend dargestellt einzelne Verallgemeinerungen bezüglich unterschiedlicher Organismen und Phänotypen ableiten.

2.2.1. Einfluss der Zellwand

Bakterien lassen sich aufgrund der Zellwandstruktur in grampositive und gramnegative unterscheiden. Während bei grampositiven das aus Peptidoglykan bestehende Grundgerüst der Zellwand aus bis zu 40 Schichten mit einer Dicke von 20-28 nm vorliegt, besteht dieses bei gramnegativen meist nur aus einer bis zwei Schichten mit einer Stärke von ca. 2 nm [Madigan und Martinko, 2006]. Zudem ist der Turgor (cytoplasmatische Druck), dem die Zellwand standhält, in gramnegativen mit ca. 3 - 10 bar deutlich geringer als bei grampositiven mit ca. 20 bar [Whatmore et al., 1990; Whatmore und Reed, 1990]. Die Zellwandstruktur beeinflusst die mechanische Stabilität und ist somit auch relevant für technologische Eigenschaften von Bakterien. Allgemein sind grampositive Bakterien stabiler gegenüber Schäden während der Gefriertrocknung als gramnegative [Miyamoto-Shinohara et al., 2000]. Dabei hat die Zellwand von gramnegativen durch die dünnere Peptidoglykanschicht eine größere Tendenz zu Brüchen während der Trocknung und des Wasserentzugs [Pembrey et al., 1999]. Untersuchungen mit insgesamt 110 grampositiven und 77 gramnegativen Spezies unterschiedlicher Bakteriengattungen ergaben weiter, dass gramnegative Bakterien tendenziell instabiler während der Lagerung in gefriergetrockneter Form sind, als grampositive [Miyamoto-Shinohara et al., 2008]. In den selben Untersuchungen konnte weiter zusammengefasst werden, dass glatte Oberflächen (d.h. ohne Flagellen) und, speziell für Lactobacillen, ein Fehlen von extern verankerter Trehalose an der Cytoplasmamembran, zu einer erhöhten Stabilität während der Gefriertrocknung führt. Untersuchungen von Donsi und Mitarbeitern zur Hochdruckhomogenisation mit den drei Modelorganismen *Escherichia coli* (gramnegativ), *Lb. delbrueckii* (grampositiv) und *Saccharomyces cerevisiae* (Hefe) führten ebenfalls zu dem Ergebnis, dass die größte Toleranz gegenüber thermischen und mechanischen Stress von grampositiven Bakterien ausgeht, gefolgt von Hefen und gramnegativen [Donsi et al., 2009]. Aus weiteren Untersuchungen kann entnommen werden, dass Lactobacillen generell robuster als Bifidobakterien sind [Mättö et al., 2006; Mäyrä-Mäkinen, 2004; Ross et al., 2005].

2.2.2. Zellform und -größe

Es wird berichtet, dass kokkoide Bakterien wie Streptococcen [Fonseca et al., 2000; Tsvetkov und Shishkova, 1982] und Lactococcen [Gilliland und Speck, 1974a] den Einfrierprozess besser überleben als die stäbchenförmigen Lactobacillen. Gilliland und Speck vermuteten, dass die Unterschiede durch den höheren Anteil an C_{19}-Cyclopropan-Fettsäuren in Lactococcen gegenüber Lactobacillen verursacht werden. Ein zusätzlicher oder alternativer Erklärungsansatz könnte allerdings auch in der unterschiedlichen Zellmorphologie der Gattungen liegen. Wright und Klaenhammer (1981) berichteten über eine erhöhte Gefrierstabilität nach einem calciuminduzierten Wechsel der Zellmorphologie von filamentösen zu kokkoiden Zellen von *Lb. acidophilus* NCFM. Allerdings konnte eine weitere calciuminduzierte Änderung der Gefrierstabilität in *Lb. bulgaricus* nicht mit einer veränderten Zellform in Zusammenhang gebracht werden [Wright und Klaenhammer, 1983a; b]. Auch für Hefen wird eine generell höhere Gefrierstabilität von kleinen gegenüber großen Zellen beschrieben [Miyamoto-Shinohara et al., 2010].

2.3. Physiologischer Zustand der Zelle

Durch wechselnde Umwelteinflüsse kann der physiologische Zustand eines Mikroorganismus insofern verändert werden, dass dieser nicht abgetötet wird, sich aber wesentliche Eigenschaften wie bspw. die Vermehrungsfähigkeit und Stoffwechselaktivität ändert. Die zugrundeliegende Ursache für die veränderten Eigenschaften der Mikroorganismenpopulation kann durch vielseitige und komplexe Phänomene, bspw. subletale Schäden und Stoffwechselinhibierungen, hervorgerufen werden. In Abb. 2 sind die nach Kell et al. (1998) formulierten vier physiologischen Zustände, in denen sich Mikroorganismen befinden können, dargestellt.

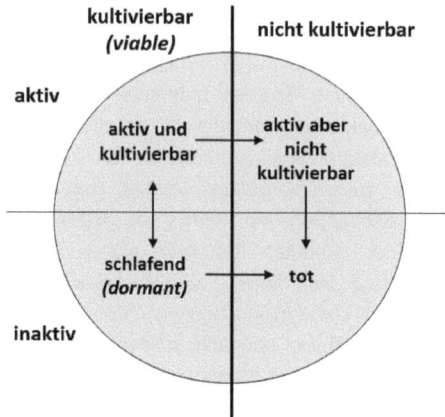

Abb. 2: Darstellung der vier physiologischen Zustände von Mikroorganismen.
Die Pfeile repräsentieren mögliche Übergänge zwischen den Zuständen. Dabei wird der Zustand „viable" (= lebend) mit der Eigenschaft „kultivierbar" gleichgesetzt. Zellen, die zwar metabolisch inaktiv sind, aber dennoch kultivierbar sein können werden als dormant (schlafend) bezeichnet [Kell et al., 1998].

Traditionell wird die Viabilität (Lebensfähigkeit) einer Zelle mit der Fähigkeit gleichgesetzt, sich unter adäquaten Nährstoffbedingungen zu vermehren. Die Quantifizierung wird standardmäßig durch Auszählung gebildeter Kolonien auf einem Nährboden oder mit dem MPN-Verfahren (MPN = *most propable number*) in Flüssigkultur durchgeführt. Aus den in Abb. 2 beschriebenen Zuständen wird ersichtlich, dass Zellen, welche sich nicht vermehren bzw. kultivieren lassen, nicht unbedingt tot sein müssen. Bezogen auf die Verwendung von probiotischen Mikroorganismen ist der angestrebte Zellzustand der, indem diese kultivierbar (Routinenachweis, Vermehrungsfähigkeit) und aktiv (funktionale Eigenschaften) sind. Es ist denkbar, dass jeder Prozessierungsschritt, bei dem eine Abnahme der Lebendzellzahl mit Routineverfahren detektiert wird, potentiell auch eine mehr oder weniger großen Anteil an inaktiven und/oder nicht kultivierbaren Zellen enthält. Nach Abb. 2 besteht die Möglichkeit, dass Zellen aus einem „schlafenden" in den „kultivierbaren" Zustand übergehen, so dass die Quali- und Quantifizierung metabolischer Aktivität entscheidend zu der Optimierung eines Herstellungsprozesses von Bakterienpräparaten beitragen kann [bspw. Kell et al., 1998; Breeuwer und Abee, 2000; Bernardeau et al. 2001]. Ausführliche Zusammenfassungen zu dieser Thematik sind den Publikationen von Kell et al. (1998), Oliver (2005) und Wesche et al. (2009) zu entnehmen.

II. Praktischer Teil

3. Zielsetzung

Ziel der vorliegenden Experimentalarbeit ist die Technologieentwicklung zur Herstellung von probiotischen Bakterien, die bei erforderlichen Prozessierungsschritten eine möglichst hohe Überlebensrate aufweisen. Dazu sollen die Bakterien weitestgehend verlustfrei in eine Form gebracht werden, in der sie einem Lebensmittel zugesetzt werden können, und in der sie hohe Prozess- und Lagerstabilitäten aufweisen. Konkret sollen die Arbeiten dazu beitragen, probiotische Mikroorganismen zukünftig verstärkt im Bereich von Teigwaren und Cerealien einsetzen zu können. Dazu sollten Verfahren zur Stabilisierung des probiotischen Modellorganismus *Lactobacillus acidophilus* NCFM auf unterschiedlichen Prozessebenen etabliert und optimiert werden.

Zunächst sollen Einflüsse der Kultivierungsbedingungen untersucht werden. Neben grundlegenden Aspekten der Fermentationsführung ist zu prüfen, welchen Einfluss die Verwendung unterschiedlicher Nährmedien auf das Wachstumsverhalten und die Zelleigenschaften von *Lb. acidophilus* hat. Neben der erreichbaren Zellkonzentration steht vor allem die Zellstabilität während der weiteren Verarbeitung, wie dem Einfrieren, der Trocknung und der Lagerung, im Vordergrund. Um diese Eigenschaften bewerten zu können, sollte zunächst ein Gefriertrocknungsprozess unter Verwendung einer geeigneten kryo- und lyoprotektiven Schutzmatrix erarbeitet werden. Weiter musste ein geeignetes System zur zeitnahen Charakterisierung der Lagerstabilität der Bakterien integriert werden. Dazu sollte ein Lagersystem unter beschleunigten Bedingungen, realisiert durch erhöhte Lagertemperaturen, etabliert werden. Weiter sollte innerhalb dieser Arbeit bewertet werden, inwieweit die Induktion einer Stressantwort in *Lb. acidophilus* zur Stabilitätssteigerung der Zellen während nachfolgender Prozessschritte, geeignet ist. Dazu werden unterschiedliche, aus der Literatur bekannte, Verfahren zur Induktion einer Hitzestressreaktion in Lactobacillen in mehreren Varianten angewendet und auf einen möglichen Effekt während des Einfrierens, der Gefriertrocknung sowie der anschließenden Lagerung untersucht.

Ein weiteres Ziel dieser Arbeit ist die Etablierung eines Kaltextrusionsverfahrens zur Verkapselung von *Lb. acidophilus* in einer Teigmatrix. Die Vorgänge und Wirkungsweisen dieses Verfahrens, welches auf der Technologie der Pastaherstellung basiert, ist ausführlich in den Patenten von van Lengerich [van Lengerich, 1998; 1999; 2000; 2002; 2004] für die Verkapselung unterschiedlichster sensitiver Substanzen beschrieben und bildet die Grundlage für die hier übertragene Anwendung. Die wesentlichen Aspekte bei der Charakterisierung und Etablierung des Verfahrens liegen darin, durch geeignete Optimierung der Prozessbedingungen die Absterberaten der Bakterien während der Integration in die Teigmatrix, der Extrusion, der Trocknung der hergestellten Pellets sowie der anschließenden Lagerung zu reduzieren. Weiter sollte für die Verkapselung die Verwendung flüssiger Bakteriensuspension mit lyophilisierten Präparaten verglichen werden.

4. Material und Methoden

4.1. Schutzmatrizes für die Gefriertrocknung

Tab. 2: Matrizes zur Stabilisierung von *Lb. acidophilus* während der Gefriertrocknung.

Bezeichnung Schutzmatrix	Komponenten	Lieferfirma	Konzentration % (w/w)	pH-Wert
LyoA	Gelatine	Merck KGaA	1,5	5,6
	Glycerol	Carl Roth GmbH	1	
	Maltodextrin (GLUCIDEX 12®)	Roquette GmbH	5	
	Laktose-Monohydrat	Carl Roth GmbH	5	
LyoE[†]	κ-Carrageen	BD Difco™	1,5	6,0
	Maltodextrin (GLUCIDEX 12®)	Roquette GmbH	5	
	Laktose-Monohydrat	Carl Roth GmbH	5	
LyoF	Glycerol	Carl Roth GmbH	1	4,7
	Maltodextrin (GLUCIDEX 12®)	Roquette GmbH	5	
	Laktose-Monohydrat	Carl Roth GmbH	5	
LyoH	Gelatine	Merck KGaA	1,5	5,7
	Glycerol	Carl Roth GmbH	1	
	Maltodextrin (MALTISORB 200®)	Roquette GmbH	5	
	Laktose-Monohydrat	Carl Roth GmbH	5	
LyoI	Gelatine	Merck KGaA	1,5	6,2
	Glycerol	Carl Roth GmbH	1	
	Maltodextrin (PEARLITOL 160C®)	Roquette GmbH	5	
	Laktose-Monohydrat	Carl Roth GmbH	5	
Tre	Trehalose	BD Difco™	20	5,6
Magermilch	Magermilch	BD Difco™	10	5,9

[†] Zur Verflüssigung wurde der Ansatz vor der Anwendung kurzeitig auf 42°C erwärmt.

Die einzelnen Schutzmatrizes wurden mit deion. Wasser in der in Tab. 2 angegebenen Konzentration hergestellt und unter Standardbedingungen (121°C, 20 min) autoklaviert.

4.2. Komponenten für die Extrusion

Tab. 3: Komponenten für die Herstellung von Extrudaten.

Komponente	Produktbezeichnung	Lieferfirma
Durum Hartweizenmehl	-	bereitgestellt von General Mills Inc., Minneapolis, USA
native Stärke	Gem Of The West®	Manildra Milling Corp., Kansas, USA
Kokosfett	Palmin®	Peter Kölln KGaA
Glycerol	-	Carl Roth GmbH
Lecithin	-	Carl Roth GmbH

Material und Methoden

4.3. Mikroorganismen

In der vorliegenden Arbeit wurde standardmäßig das probiotische Milchsäurebakterium *Lactobacillus acidophilus* NCFM verwendet. Der Organismus wurde als kommerziell erhältliches gefrorenes Präparat (*Lb. acidophilus* NCFM Yo-Mix™, Danisco A/S, Kopenhagen, Dänemark; Batch No. 1101020482; Prod. Code: M86NCFM71178) erworben. Die Mikroorganismen wurden für die vorliegenden Versuche wie unter 4.5 beschrieben isoliert und für die Langzeitlagerung präpariert. In einzelnen Versuchen wurden zudem andere Arten und Unterarten der Gattung Lactobacillus verwendet (Tab. 4). Die Mikroorganismen wurden dabei aus der Stammsammlung des Forschungsinstitutes für Mikrobiologie der Versuchs- und Lehranstalt für Brauerei Berlin zur Verfügung gestellt.

Tab. 4: Lactobacillaceae aus der Stammsammlung des Forschungsinstituts für Mikrobiologie der Versuchs- und Lehranstalt für Brauerei Berlin.

Mikroorganismus	Interne Bezeichnung	Quelle	Verwendungs-beispiel
Lb. acidophilus NCFM	-	Yo-Mix™, Danisco	Probiotika, Sauermilchprodukte
Lb. acidophilus	La-0105	Isoliert aus Kapseln von Dr. Wolz Darmflora plus®	Probiotika, Sauermilchprodukte
Lb. johnsonii La1 (≙ *Lactobacillus* LC1)	La-0104	Isoliert aus Nestlé LC1 Yoghurt	Probiotika
Lb. salivarius subsp. *salivarius*	La-2001	Dr. Weis, DSM München Munich (09/77)	Probiotika
Lb. casei subsp. *rhamnosus* Hansen 1968 (ATCC 7469)	0601a	-	Probiotika
Lb. rhamnosus GG (ATCC 53103)	0617	-	Probiotika
Lb. delbrueckii subsp *bulgaricus* (ATCC 11842)	Lb0502	-	Käse-, Joghurtherstellung
Lb. delbrueckii subsp. *lactis* (ATCC 4797)	Lb07102	-	Sauermilchprodukte
Lb. delbrueckii subsp. *lactis*	Lb0901	Stamm 5, Orla-Jensen	Sauermilchprodukte

4.4. Medien

In den vorliegenden Experimenten wurde vorwiegend das für Lactobacillen geeignete MRS Medium [de Man et al., 1960] der Fa. Becton Dickinson verwendet. Unterschiedliche MRS-Fabrikate wurden zusätzlich untersucht (Tab. 5). Als alternatives und von Tierkomponenten freies Medium wurde das GEM (*general edible medium*) verwendet [Saarela et al., 2004]. Bei dem standardmäßig mit Sojapepton (Serva) angesetzten Medium wurde in einzelnen Experimenten das enthaltene Pepton variiert (Tab. 8).

Material und Methoden

Tab. 5: MRS-Medien unterschiedlicher Fabrikate.

Lieferfirma: Kennung:	BD* Difco™ LOT 9335571	Applichem GmbH LOT 0U001659	Carl Roth GmbH Charge 321167986	Scharlau Chemie S.A. Batch 7889	Scharlau Chemie S.A. Batch 7889
Kurzbezeichnung:	MRSD	MRSA	MRSR	MRSS$_{Glukose}$	MRSS$_{Laktose}$
Komponente	[g/l]	[g/l]	[g/l]	[g/l]	[g/l]
Glukose	20	20	20	20	-
Laktose	-	-	-	-	20
Pepton	10	25,5	10	10	10
Fleischextrakt	10	-	8	-	-
Hefeextrakt	5	-	4	4	4
Natriumacetat	5	5	5	5	5
Ammoniumcitrat	2	2	2	2	2
Di-Kaliumhydrogenphosphat	2	2,25	2	-	-
Tween 80	1	1	1	-	-
Magnesiumsulfat	0,1	0,1	0,2	0,2	0,2
Mangansulfat	0,05	0,05	0,05	0,05	0,05
pH-Wert	6,5	6,1	6,2	6,4	6,4

*Becton Dickinson GmbH

Tab. 6: Inhaltsstoffe im GEM *(general edible medium)*.
Der pH-Wert wurde vor dem Autoklavieren auf 6,2 eingestellt.

Komponente	Konzentration	Lieferfirma
	[g/l]	
Glukose	20	Serva Elektrophorese GmbH
*Sojapepton	30	Serva Elektrophorese GmbH
Hefeextrakt (Servabacter®, LOT 100435)	7	Serva Elektrophorese GmbH
Kaliumdihydrogenphosphat	1	Carl Roth GmbH
Di-Kaliumhydrogenphosphat	0,4	Carl Roth GmbH
Magnesiumsulfat Heptahydrat	1	Sigma Aldrich Laborchemikalien GmbH
Tween 80	1	Carl Roth GmbH

*Alternativ eingesetzte Peptone wurden in der gleichen Konzentration verwendet

Tab. 7: B$_{12}$ Assay Medium.
LOT 8078590; Der pH-Wert wurde vor dem Autoklavieren auf pH 6,0 eingestellt.

Komponente	pro Liter	Komponente	pro Liter
Vitamin Assay Casaminosäuren	12,0 g	Calcium Pantothenate	200,0 µg
Glukose	40,0 g	Pyridoxine Hydrochloride	4,0 mg
Natrium Acetat	20,0 g	p-Aminobenzoesäure	200,0 µg
L-Cystin	0,2 g	Biotin	10,0 µg
DL-Tryptophan	0,2 g	Folsäure	100,0 µg
Adenin	20,0 mg	Polysorbat 80	2,0 g
Guanin	20,0 mg	Di-Kaliumphosphat	1,0 g
Uracil	20,0 mg	Mono-Kaliumphosphat	1,0 g
Xanthin	1,0 mg	Magnesiumsulfat	0,4 g
Thiamin Hydrochlorid	2,0 mg	Natriumchlorid	20,0 mg
Riboflavin	2,0 mg	Eisensulfat	20,0 mg
Niacin	2,0 mg	Mangansulfat	20,0 mg

Bei den MRS sowie B$_{12}$ Assay Medium handelt es sich um vorgefertigte Mehrkomponentengemische, welche nach Herstellerangaben angesetzt wurden. Das GEM wurde nach dem Lösen der einzelnen Komponenten in deion. Wasser unter Standardbedingungen (121°C, 20 min) autoklaviert.

Untersuchte Peptone

Tab. 8: Untersuchte Peptone.

Name	Quelle	Spaltung (Herstellerangaben)	Kennung	Lieferfirma
Difco™ Proteose Peptone No.3	Schwein	peptisch	LOT 142927XA	Becton Dickinson GmbH
Bacto™ Soytone	Soja	pankreatisch	LOT 8164095	Becton Dickinson GmbH
Sojapepton	Soja	enzymatisch	LOT 090515	Serva Elektrophorese GmbH
Sojapepton	Soja	enzymatisch	LOT 128H0184	Fluka Chemie GmbH
Casiton	Casein	tryptisch	LOT 3210832	Merck KGaA
Bacto™ Tryptone Peptone	Casein	pankreatisch	LOT 9334043	Becton Dickinson GmbH

4.5. Stammführung

Langzeitlagerung

Für die Langzeitlagerung von *Lb. acidophilus* NCFM wurden mit Glycerol versetzte Kryokulturen hergestellt. Dafür wurden 10 Kügelchen (ca. 0,2 mg) der YO-MIX™ Präparate in 50 ml MRSD überführt und für 8 h bei 37°C in Standkultur kultiviert. Aus diesem Ansatz wurden 2,5 ml in 250 ml vorgewärmtes MRSD überführt und erneut für 16 h bei 37°C kultiviert. Anschließend wurden die Kulturbrühe in 1 ml Portionen in Kryoröhrchen aliquotiert und mit je 0,5 ml Glycerol versetzt. Die Gefäße wurden gemischt und zunächst langsam eingefroren (1 h bei 4°C, anschließend 3 h bei -20°C), bis sie zur Langzeitlagerung bei -70°C aufbewahrt wurden. Die anderen in Tab. 4 aufgelisteten Lactobacillaceae waren innerhalb der Stammsammlung ebenfalls in gefrorener Form als Glycerolstock vorhanden.

Vorkultur

Wenn nicht anders angegeben wurden für die Anzucht von *Lb. acidophilus* NCFM 50 ml MRSD mit dem Inhalt eines Kryoröhrchens (ca. 1,5 ml) angeimpft. Dieser Ansatz wurde anschließend für 6 h bei 37°C im Brutschrank inkubiert. Zur Anzucht der anderen Lactobacillaceae (Tab. 4) wurden 10 ml MRSD mit einer Spatelspitze gefrorener Kryokultur angeimpft und über Nacht bei 37°C inkubiert.

Kultivierung

Die exakten Kultivierungsbedingungen sind der jeweiligen Versuchsbeschreibung im Ergebnisteil zu entnehmen. Wenn es nicht anders angegeben ist, wurde ein auf 37°C vorgewärmtes Medium mit 1 % (v/v) Vorkultur angeimpft und für 16 h bei 37°C ohne pH-Regulierung in Standkultur inkubiert. Mit Standkultur ist dabei eine befüllte Schraubflasche oder ein Schraubröhrchen, welche(s) ungerührt und unter Lichtausschluss im Brutschrank steht, zu verstehen.
Vorversuche zur Evaluierung der Wachstumscharakteristik von *Lb. acidophilus* ergaben, dass eine ungerührte Kultur der gerührten aufgrund einer höher erzielbaren Lebendzellkonzentration

Material und Methoden

vorzuziehen ist (Daten siehe Anhang 2). Weiter wurde ermittelt, dass sich die Population unter gegebenen Bedingungen nach 16 h Inkubation in der stationären Wachstumsphase mit maximaler Zellkonzentration befindet. Neben der hohen Lebendzellkonzentration wurde dieser Erntezeitpunkt für kommende Experimente gewählt, da eine Dynamik der Bakterienpopulation in unterschiedlichen Wachstumsphasen ausgeschlossen werden sollte. Dies hat den Vorteil, dass bestimmte Zelleigenschaften über einen gewissen Bereich als unveränderlich angenommen werden können. Bspw. ist eher von einer Änderung der Zellmorphologie auszugehen, wenn sich (wie in der exponentiellen Wachstumsphase) Nährstoffsituationen im Medium, und daraus resultierend Wachstums- und/oder Teilungsraten der Bakterienzellen, ändern.

4.6. Gefriertrocknung von Bakterienpräparaten

Die Kulturbrühe wurde für 8 min bei ca. 5000 $x\ g$ unter gekühlten Bedingungen (4°C) zentrifugiert, der Überstand abdekandiert und mit der selben Menge der kryo- und lyoprotektiven Schutzmatrix LyoA versetzt, welche im Rahmen einer vorherigen Dissertation an der Technischen Universität Berlin eine sehr gute Schutzwirkung zeigte [Wesenfeld, 2005]. Der Hintergrund zur Wahl dieser Formulierung wird im Rahmen dieser Arbeit erörtert (5.2.1). Der Ansatz wurde gemischt und zu je 1 ml in flachbodige 5 ml-Glasvials (Füllhöhe ~0,5 cm) aliquotiert und diese für mindestens 20 h bei -70°C eingefroren. Vor der Trocknung wurden die Vials auf vorgekühlte (-35°C) Probenteller gestellt und diese innerhalb der Kühlkammer der Gefriertrocknungsanlage Gamma A (Martin Christ Gefriertrocknungsanlagen GmbH, Osterode, Deutschland) plaziert. Die Trocknungsbedingungen sind dem jeweiligen Experiment zu entnehmen.

4.7. Immobilisierung der Bakterien in eine Teigmatrix

Zur Verkapselung von *Lb. acidophilus* wurde sowohl der Doppelschneckenextruder ZSK25 (Coperion Werner und Pfleiderer, Stuttgart, Deutschland), als auch die deutlich kleinere Nudelmaschine PN100 (Häussler GmbH, Heiligkreuzthal, Deutschland), verwendet. Der jeweilige Ablauf des Extrusionsprozesses wird nachfolgend beschrieben.

4.7.1. Prozess am Doppelschneckenextruder ZSK25

Bei dem ZSK25 handelt es sich um einen gleichlaufenden Doppelschneckenextruder. Eine schematische Darstellung des Extruders sowie des Verkapselungsprozess ist in Abb. 3 dargestellt. Das Verfahrensteil des Extruders war aus sechs Gehäusesegmenten (G), drei Zwischenflanschen (Z) sowie der Kopfplatte (KP) aufgebaut. In Verlängerung des Verfahrensteils war der Extruder mit einer Düsenplatte und einer zentrischen Granuliervorrichtung, bestehend aus zwei rotierenden Messern zur Pelletierung der extrudierten Teigstränge, ausgestattet. Die Drehzahl der Granuliermesser konnte stufenlos bis maximal 2030 U/min geregelt werden. In die Düsenplatte wurde eine der in Anhang 18 angegebenen Düsen eingesetzt. Die Gehäusesegmente 2 bis 6 bildeten einen in Reihe geschalteten Kühlkreislauf und wurden im Gegenstrom mit Leitungswasser gekühlt. Die Mehlkomponente wurde im ersten Segment (G1) mit einer gravimetrischen Dosierwaage (LWF-D5, K-Tron Soder, Niederlenz, Schweiz) zugegeben. Das Mischen der Feststoffe erfolgte für 10 min in einem Mischer (T012, Gebrüder Lödige Maschinenbaugesellschaft, Paderborn, Deutschland). Die Dosierung der Flüssigkeit (gekühlte *Lb. acidophilus* Kultur) erfolgte mit einer Kolbenpumpe (Bran & Lübbe, Norderstedt, Deutschland) und wurde im zweiten Segment (G2) über ein Ventil zugegeben. Der Produktdruck (PD) im Schneckenraum wurde mit einem Drucksensor (Dynisco, Houston, USA) vor der Düse gemessen. Die Messung der Produkttemperatur (PT) erfolgte direkt am Düsenaustritt mit einem Handthermometer (Testoterm 9010, Testoterm GmbH &. Co, Lenzkirch, Deutschland). Erforderliche Veränderungen des Feuchtgehalts wurden durch angepasste Dosierung des Feststoffes sowie der Flüssigdosierung eingestellt. Die Trocknung der granulierten Extrudate erfolgte mit Hilfe eines Umlufttrockenschrankes (Heraeus, Hanau, Deutschland). Die Trocknungszeit und die Temperatur sind dem jeweiligen Experiment zu entnehmen. Die technischen Daten der Extruderanlage, die Düsenspezifikationen sowie die verwendete Schneckenkonfiguration sind im Anhang 18 aufgelistet.

Für die Extrusionsexperimente am ZSK25 wurde jeweils eine mit MRSD-Kulturbrühe (16 h, 37°C, Standkultur) befüllte und auf ca. 4°C gekühlte 2 Liter Schottflasche über die Kolbenpumpe an den Extruder angeschlossen. Die Flasche wurde während des Prozesses weiter mittels Eiswasser gekühlt und mittels Magnetrührer durchmischt (siehe Abb. 3). Zum Druckausgleich war der Schraubverschluss des Vorratsbehälters zudem mit einem Sterilfilter versehen.

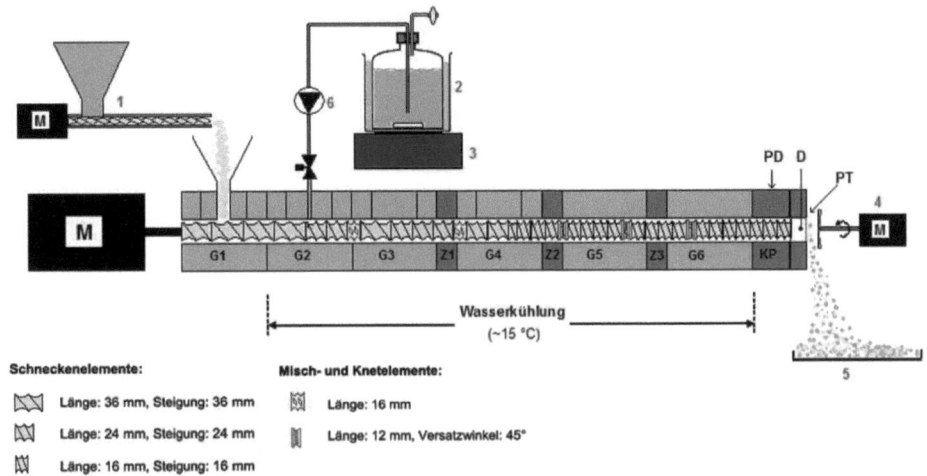

Abb. 3: Schematische Darstellung der Bakterienverkapselung am gleichlaufenden Doppelschneckenextruder ZSK25.
G1-G6: Gehäusesegmente 1 bis 6; Z1-Z3: Zwischenflansche 1 bis 3; KP: Kopfplatte; D: Düse; manuell gemessene Produkttemperatur; PD: Produktdruck; M: Motor;
1: gravimetrischer Schneckendosierer; 2: mit Eiswasser gekühltes Kulturgefäß; 3: Magnetrührer; 4: Schneidvorrichtung; 5: feinmaschiges Sieb des Hordentrockners; 6: Schlauchpumpe.

Als Maß für die auf die Bakterien einwirkenden Kräfte, wurde die spezifische mechanische Energieeinleitung (SME) ermittelt. Diese kann als die aus Druck- und Schergradienten ergebende Summe der entlang der Schneckenwelle auftretenden mechanischen Kräfte definiert werden. Die SME kann vereinfacht durch die Messung des Drehmomentes nach Gl.1 ermittelt werden [Meuser et al., 1982].

$$SME = \frac{M_d \times \omega}{\dot{m}}$$

Gl. 1

M_d ≙ Aufzubringendes Drehmoment des Antriebs [Nm]
$\dot{m}$ ≙ Gesamtmassenstrom [kg/h]
ω ≙ Winkelgeschwindigkeit [1/h] = $2\pi n$
$\quad$ n ≙ Schneckendrehzahl [1/h]

4.7.2. Prozess am Pastaextruder PN100

Bei dem Pastaextruder PN100 (Häussler GmbH, Heiligkreuzthal, Deutschland) handelt es sich um einen Einschneckenextruder, bestehend aus einem Vorratsbehälter und einer Förderschnecke, welche den vorgemischten Teig zur Düse befördert und für die Herstellung von Pasta im Kleinstmaßstab ausgerichtet ist. In dieser Arbeit wurde eine Düseneinheit, bestehend aus 76 teflonbeschichteten Düsen mit einem Durchmesser von 0,8 mm (spezifische Düsenaustrittsfläche: 38,2 mm²), verwendet. In Vorversuchen mit einem Teig aus Durum Hartweizenmehl (RF: 33 %) wurde ein konstanter Massenfluss von 112,5 g/min ermittelt, was einem spezifischen Düsendurchtritt von 2,94 g/min/mm² entspricht. Der Pastaextruder wurde mit einer manuell montierbaren Schneidvorrichtung ausgeliefert. Bei maximaler Frequenz konnten so Pellets im Längenbereich von 4-5 mm generiert werden.

Teigherstellung

Zur Gewährleistung einer homogenen Verteilung aller Komponenten im Teig war eine externe Teigherstellung notwendig. Dazu wurde(n) vorab die flüssige(n) Komponente(n) in einem Mischgefäß abgewogen. Anschließend wurden die festen Komponenten langsam und unter stetigem Kneten (Handmixer mit zwei Spiralknetern) zugegeben, bis eine homogene Verteilung aller Komponenten gegeben war. Der einheitlich krümelige Teig wurde in den Vorratsbehälter gegeben und die Extrusion gestartet. Pro Experiment wurden Teigmengen im Bereich von 300 - 400 g hergestellt. Standardmäßig wurden die Teige mit einem von der Firma General Mills Inc. zur Verfügung gestelltem Durum Hartweizenmehl hergestellt (Tab. 3).

Bei der Verkapselung nativer Kulturbrühe wurde durch die Kalkulation der Mengenverhältnisse von Brühe und Mehl (und unter Kenntnis der jeweiligen Trockenmassen) ein Teig mit einem bekannten Wassergehalt hergestellt.

Für die Verkapselung von gefriergetrockneten *Lb. acidophilus* wurde der Inhalt von ursprünglich 200 ml LyoA-Lyophilisat fein gemörsert und, wenn nicht anders angegeben, eine definierte Menge mit den weiteren Mehlkomponenten vermischt und in das Mischgefäß zur Teigherstellung vorgelegt. Bei der Verkapselung von Bakterienkonzentrat und gefriergetrockneten Präparaten wurde durch zusätzliche Verwendung von sterilem Leitungswasser die gewünschte Restfeuchte eingestellt.

Probenahme

Für die repräsentative Probenahme zur Bestimmung der Lebendzellkonzentration als auch Trockenmasse, wurden Proben während des Prozesses zu mindestens drei unterschiedlichen Zeiten aus dem Vorratsbehälter entnommen (Teigproben) bzw. direkt an der Düse aufgefangen (Extrudate). Proben für die Bestimmung der Lebendzellkonzentration wurden in verschließbaren

Schraubröhrchen bis zur Analyse auf Eis zwischengelagert. Proben für die Trockenmassebestimmung wurden direkt im entsprechenden Glasgefäß aufgefangen und ausgewogen.

Wiederholte Extrusionen

Um den Einfluss des Extrusionsprozess auf die Lebendzellkonzentration besser bewerten zu können, wurde in ausgewählten Experimenten ein Teil der hergestellten Extrudate in den Vorratsbehälter rückgeführt und erneut extrudiert. Dadurch sollten auftretende Effekte wiederholt und somit genauer detektiert werden.

Für die Durchführung war es notwendig, die Extrudate in einem wasserdichten Plastikbeutel aufzufangen, so dass ein Wasserverlust der geschnittenen Pellets durch Lufttrocknung weitestgehend vermieden wird. Nachdem der entsprechende Teil der Extrudate aufgefangen war, wurde der Beutel verschlossen und der Extruder sowie die Düse von verbliebenen Teigresten befreit. Anschließend wurden die aufgefangenen Pellets in den Vorratsbehälter überführt und der nächste Extrusionslauf gestartet. Diese Prozedur wurde bis zu 3 Mal wiederholt.

4.8. Lagerung der Bakterienpräparate

Lyophilisate und getrocknete Extrudate von *Lb. acidophilus* wurden in 5 ml-Glasvials unter Lichtausschluss, definierten Temperaturen und definierten relativen Luftfeuchten (rel. LF) bei sonst normaler Atmosphäre, gelagert. Dazu wurden die Proben offen in einem Exsikkator gestellt, in dem mit Hilfe von gesättigten Salzlösungen definierte rel. LF eingestellt wurden [Greenspan, 1977]. Dabei wurde eine rel. LF von 11,3 % mit Hilfe einer gesättigten Lithiumchlorid-Lösung und von 43,0 % mittels Kaliumcarbonat-Lösung eingestellt. Die jeweiligen Exsikkatoren wurden bei der entsprechenden Lagertemperatur im Brut- bzw. Kühlschrank inkubiert. Alternativ wurden Lyophilisate auch direkt nach der Gefriertrocknung mittels Polypropylen-Schnappdeckel wasserdampfdicht verschlossen und im jeweiligen Brut- bzw. Kühlschrank geschlossen gelagert. Die gewählte Lagertemperatur- und atmosphäre ist dem jeweiligen Experiment zu entnehmen. Standardmäßig wurden Proben allerdings unter erhöhter Temperatur *(accelerated shelf life test, ASLT)* bei 37°C gelagert, so dass stabilitätsbeeinflussende Effekte der Prozessierung schneller bewertet werden konnten [Achour, 2006; Achour et al., 2001; King et al., 1998]. Die Abhängigkeit der Bakterieninaktivierung von der Lagertemperatur wurde zudem innerhalb dieser Arbeit für Lyophilisate in einem Bereich von 4 bis 60°C untersucht.

4.9. Analytik

4.9.1. Bestimmung der Zellkonzentration und Partikelgrößenverteilung

Die hier durchgeführten Analysen der Zellkonzentration als auch der Zellmorphologie wurden mit dem Multisizer™ 3 Coulter Counter® (Beckman Coulter Inc.) durchgeführt. Dieser war mit einer 20 µl Kapillare ausgestattet, was die Analyse von Partikeln mit einem Durchmesser von 0,4 – 12 µm ermöglicht. Die Verdünnung sowie Messung erfolgte in vorgefertigter und zusätzlich sterilfiltrierter isotonischer Kochsalzlösung (Isoton II, Beckman Coulter Inc.). Die Größenkalibrierung wurde mit normierten Latexkugeln von 3 µm und 10 µm Durchmesser (Coulter® CC Size Standard L3 (LOT 9291003F) und L10 (LOT 9747147F); Beckman Coulter Inc.) durchgeführt. Das Messprinzip basiert auf einer durch das Partikel (hier die Bakterienzelle) hervorgerufenen Änderung eines am

Kapillarausgang erzeugten Spannungsfeldes. Dabei wird ein Äquivalentvolumen gemessen, d.h. das Volumen des analysierten Partikels, welches dieselbe Masse an Elektrolyt innerhalb der Kapillare verdrängt, wie die zur Kalibrierung verwendeten definierten Kugeln. Somit ist diese Messung weitestgehend unabhängig von der Zellform. Entsprechend ist die repräsentativste Größe zur Partikelcharakterisierung das gemessene Volumen. Zur Vereinheitlichung der hier analysierten Stäbchen sollte zudem das Verhältnis der Zelllänge zum Zelldurchmesser (L/D-Ratio) angegeben werden. Aufgrund der Unabhängigkeit der Partikelform ist es zulässig für die hier untersuchten Lactobacillen das Volumen einer vereinfachten Stäbchenform (Kreiszylinder mit jeweils 2 halben Kugeln am Ende) anzunehmen. Wird von dieser vereinfachten Stäbchenform ausgegangen und der Zelldurchmesser auf 1 µm normiert, so kann aus dem gemessenen mittleren Zellvolumen (MZV) auf die Länge bzw. das L/D-Ratio der Bakterienzelle geschlossen werden (Gl. 2).

$$L/D = \frac{MZV - 0,125 \times \Pi \times 1,33}{0,25 \times \Pi} + 1 \qquad \text{Gl. 2}$$

Die analysierten Kulturproben wurden soweit mit Isoton II in der Messküvette verdünnt, dass in dem von der Kapillare automatisch eingezogenen Messvolumen (50 µl) zwischen 5000 und 30000 Partikel erfasst wurden. Die Auswertung der generierten Messsignale erfolgte über die Multisizer™ 3 Software Version 3.53. Der für die statistische Auswertung verwendete Partikelgrößenbereich orientierte sich an der Partikelverteilung der jeweiligen Bakterienpopulation und lag für *Lb. acidophilus* meist im Bereich von 0,3 - 10 µm³.

4.9.2. Bestimmung der Kolonie bildenden Einheiten

Zur Quantifizierung lebender Bakterienzellen wurde in dieser Arbeit das in der Mikrobiologie traditionelle Verfahren der Bestimmung von Kolonie bildenden Einheiten (KBE) herangezogen. Dabei wird davon ausgegangen, dass jede lebende Zelle teilungsfähig ist und bei adäquatem Nährstoffangebot und entsprechender Vereinzelung zur Bildung einer Kolonie auf festem Nährboden befähigt ist. Mit Berücksichtigung der verwendeten Verdünnung kann auf die Lebendzellkonzentration geschlossen werden.
Während der Evaluierung dieser Methode wurde festgestellt, dass es zu erheblichen Abweichungen in der Anzahl der KBE bei Verwendung unterschiedlicher Nährmedien kommen kann. So kam es bspw. zu einer um den Faktor 10 reduzierten Anzahl von KBE/ml, wenn statt des vorgefertigten MRS des Typs Difco™ (MRSD) Medium von der Firma Carl Roth (MRSR) zur Herstellung von MRS-Agarplatten verwendet wurde. Aus den Vorversuchen lässt sich schlussfolgern, dass MRS Medien des Typs Difco™ und der Firma AppliChem geeignet sind, das Medium der Firma Carl Roth hingegen ungeeignet ist, um die Lebendzellkonzentration von *Lb. acidophilus* NCFM auf den entsprechenden Agarplatten zu quantifizieren.
Weiter wurde ermittelt, dass die Inkubation der Agarplatten sowohl aerob als auch anaerob erfolgen kann, ohne dass signifikante Unterschiede der ermittelten KBE/ml entstehen (Daten sind im Anhang 1 dargestellt). Als Konsequenz der Vorversuche wurden feste Nährstoffplatten zur Bestimmung der Lebendzellkonzentration von *Lb. acidophilus* mit MRSA und 1,5 % Agar-Agar angesetzt und für 48 – 72 h unter aeroben (atmosphärischen) Bedingungen im 37°C Brutschrank inkubiert.

Material und Methoden

Probenvorbereitung

Aus allen Proben wurden dezimale Verdünnungsreihen mit 0,85%iger NaCl-Lösung angelegt und jeweils 100 µl der entsprechenden Verdünnungsstufe ausplattiert. Dazu wurden Lyophilisate in 0,85%iger NaCl-Lösung gelöst und mittels Vortexer gemischt.
Extrudate wurden mit der 10fachen Masse an vorgewärmter (37°C) 0,85%iger NaCl-Lösung vermischt, in einem Probenadapter (Vortex-Genie 2, Scientific Industries Inc.) fixiert und bei maximaler Frequenz für 30 min gevortext. Um die Lösungsvorgang der Proben zu verbessern wurde der Vortexer während der Inkubation in einem auf 37°C temperierten Brutschrank gestellt.

Kalkulation der Lebendzellkonzentration

Die Effekte der einzelnen Prozessschritte sollen möglichst exakt auf die Lebendzellkonzentration von *Lb. acidophilus* bewerten werden. Dazu sind die Umrechnungen der unterschiedlichen Probentypen mit den jeweiligen Verdünnungsfaktoren notwendig. Gl.4 wird für die vergleichende Darstellung der Lebendzellkonzentration in Kulturbrühe und der daraus erzeugten Extrudate herangezogen, so dass Effekte unabhängig von der Verdünnung bewertet werden können. In Gl. 5 ist die Rechengrundlage für die Bestimmung der Lebendzellkonzentration von gelösten Extrudaten dargestellt.

Material und Methoden

Lebendzellkonzentration in der Kulturbrühe:

$$\frac{KBE}{V_{Kultur}} = \frac{KBE}{V} \times \frac{V}{F} \qquad [KBE/ml_{Kulturbrühe}] \qquad Gl.\ 3$$

Lebendzellkonzentration der Kulturbrühe, bezogen auf die Masse des daraus hergestellten Teiges bzw. der Extrudate:

$$\frac{KBE^{kalkuliert}}{m_{Extrudat}} = \frac{KBE}{V_{Kultur} \times \rho_{Kultur}} \times \frac{\dot{m}_{Kultur}}{(\dot{m}_{Kultur} + \dot{m}_{Mehl})} \qquad [KBE/g_{Extrudat,Teig}] \qquad Gl.\ 4$$

Lebendzellkonzentration im Extrudat bzw. Teig:

$$\frac{KBE}{m_{Extrudat}} = \frac{(m_{Probe} + m_{Solvent})}{m_{Probe}} \times \frac{KBE}{V_{BS} \times \rho_{BS}} \times VF \qquad [KBE/g_{Extrudat,Teig}] \qquad Gl.\ 5$$

KBE	≙	Kolonie bildende Einheiten [-]
KBE^{kalkuliert}	≙	Kolonie bildende Einheiten, die Überführung von flüssiger Kulturbrühe in den Teig sowie einhergehende Verdünnungen werden berücksichtigt [-]
V	≙	Volumen [ml]
VF	≙	Verdünnungsfaktor
ρ	≙	Dichte [g/ml] (diese wurde zur Vereinfachung auf 1 gesetzt)
m	≙	Masse [g]
$\dot{m}$	≙	Massenstrom [g/min] (in den batchweise angesetzten Teigen wurde statt des Massenstroms die jeweils absolute Masse [g] herangezogen)

(BS steht für die Bakteriensuspension, welche nach dem Lösen der Extrudate erhalten wird)

Die Überlebensrate wurde jeweils als Verhältnis der Lebendzellkonzentration N nach der Prozessierung bzw. Lagerung zur Ausgangslebendzellkonzentration N_0 gesetzt.

4.9.3. D- und z-Wert

Die Lagerstabilität unterschiedlicher Bakterienpräparate soll weitestgehend unabhängig von der Lagerzeit bewerten und verglichen werden. Dazu ist die Kalkulation der dezimalen Reduktionszeit (D-Wert) ein hilfreiches Mittel. Dabei ist D_T eine für eine Temperatur T [°C] spezifische Zeit [h], in der die Mikroorganismenpopulation eine Abnahme der Lebendzellkonzentration um 90 % erfährt. Der z-Wert ist dabei die Temperaturspanne [°C] die notwendig ist, um eine Abnahme des D-Wertes um eine Zehnerpotenz hervorzurufen.

$$D_T = \frac{t}{\log N_0 - \log N} \qquad Gl.\ 6$$

D_T	≙	dezimale Reduktionszeit [h] für die Temperatur T [°C]
t	≙	Lagerzeit [h]
N_0	≙	Ausgangslebendzellkonzentration [KBE/ml oder g]
N	≙	Lebendzellkonzentration nach der Lagerung [KBE/ml oder g]

4.9.4. Bestimmung der Trockenmasse und der Restfeuchte

Für die Bestimmung der Trockenmasse von flüssigen Schutzlösungen wurden 2 ml in trockene und abgewogene Glasvials gefüllt und für ca. 24 h bei 102°C bis zur Gewichtskonstanz getrocknet. Anschließend wurden die Gefäße in Exsikkatoren abgekühlt, gewogen und die Trockenmasse aus dem Referenzgewicht kalkuliert. Die Angabe erfolgt in % [$g_{Trockengewicht}/g_{Gesamtprobe}$].
Die Trockenmassebestimmung von festen Teigproben und Extrudaten wurde nach DIN EN ISO 1666 durchgeführt.
Die Restfeuchte (RF) gefriergetrockneter Proben wurde gravimetrisch bestimmt. Dazu wurden die Proben direkt nach der Trocknung für wenige Minuten im Exsikkator zwischengelagert und anschließend gewogen. Die RF wurde anhand des Leergewichts des Glasvials, des Pulvergewichts und der unter 4.9.4 bestimmten Trockenmasse der Probe kalkuliert. Die Angabe erfolgt in % [$g_{Wasser}/g_{getrocknete\ Probe}$].

4.9.5. Mikroskopische Auswertung

Zur Charakterisierung der Zellmorphologie wurden die Bakterienkulturen mit dem Phasenkontrastmikroskop Axioscop 40 (Jena Zeiss, Deutschland) bei 400 und 1000facher Vergrößerung kontrolliert und fotografiert.

4.9.6. Hydrophobizitätstest

Die Hydrophobizität der Bakterienzellen wird über den MATH-Test (*Microbial Adherence to Hydrocarbon*) nach [Rosenberg et al., 1980] bestimmt. Das Prinzip liegt in der Bestimmung des Verteilungskoeffizienten von Zellen zwischen Wasser und einer organischen Phase. Dazu wird die Extinktion einer wässrigen Bakteriensuspension gemessen, eine definierte Menge an organischem Lösungsmittel (hier Hexadekan) dazugegeben und für eine festgelegte Zeit gemischt. Nach der Phasentrennung wird die Extinktion der wässrigen Phase erneut gemessen und in Bezug zur Ausgangsextinktion gesetzt.
Bei der Durchführung wurde die Bakterienkultur in 20 ml eines 0,1 M Kaliumphosphat-Puffers (pH 7) auf eine optische Dichte bei einer Wellenlänge von 600 nm (OD_{600}) von 0,5 ± 0,05 eingestellt. Anschließend wurden 3 ml der Suspension mit 150 µl Hexadekan in einem Schraubröhrchen vermischt und zweimal je 30 s bei maximaler Frequenz gevortext. Der Ansatz wurde für 20 min bei RT inkubiert. In dieser Zeit kam es zu einer vollständigen Phasentrennung ohne sichtbare Sedimentbildung. Anschließend wurde 1 ml der wässrigen Phase in eine Messküvette überführt und die OD_{600} gemessen. Um einen Einfluss der Sedimentbildung auszuschließen, wurden die Ansätze nachträglich nochmals für 30 s gevortext und für 5 min inkubiert. Alle Bestimmungen wurden in drei parallelen Ansätzen durchgeführt.

5. Ergebnisse

5.1. Einfluss der Kultivierungsbedingungen auf die Zelleigenschaften

In den folgenden Experimenten wurde der Einfluss unterschiedlicher Nährmedien auf verschiedene Zellcharakteristika während des Wachstums von *Lb. acidophilus* untersucht. Neben dem in der Forschung klassisch verwendeten MRS Medium [de Man et al., 1960], welches Komponenten tierischen Ursprungs beinhaltet, fand das vegetarische Medium GEM *(general edible medium)*, welches an der VTT *(Technical Research Centre of Finland)* Biotechnology entwickelt wurde, Einsatz [Saarela et al., 2004]. Dieses wurde standardmäßig mit einem Sojapepton der Fa. Serva angesetzt (siehe 0). Da ein weiterer Unterschied zum MRS Medium die Abwesenheit von Tween 80 ist, wurden Untersuchungen in GEM mit unterschiedlichen zugesetzten Konzentrationen von Tween 80 durchgeführt.

5.1.1. Bedeutung von Tween 80 als Wachstumsfaktor für *Lb. acidophilus*

Da für unterschiedliche Lactobacillaceae eine starke Abhängigkeit von Polysorbat 80 (Tween 80) als Wachstumsfaktor beschrieben ist [Sawatari et al., 2006], sollte der Einfluss unterschiedlicher Konzentrationen in GEM auf das Wachstum von *Lb. acidophilus* untersucht werden. Dazu wurden 10 ml Ansätze von GEM, welche mit 0, 0,05, 0,1 und 0,2 % (w/v) versetzt waren, 1 %ig (v/v) mit Vorkultur angeimpft und bei 37°C kultiviert. Dabei konnte durch die Zugabe von 0,05% (w/v) Tween 80 die Zellkonzentration im Vergleich zu dem Ansatz ohne Tween 80 um den Faktor 10 erhöht werden. Eine weitere Konzentrationserhöhung über 0,05 % hinaus führte zu keinem positiven Effekt (Daten sind im Anhang 3 dargestellt).

Zur Vermeidung eventueller Limitierungen und in Anlehnung an die Tween 80 Konzentration im MRS-Medium wurde dem GEM standardmäßig 0,1 % Tween 80 zugegeben.

5.1.2. Im Nährmedium enthaltenes Pepton

Im GEM erfüllt das enthaltene Sojapepton als hauptsächliche Stickstoffquelle eine wichtige Rolle. Um den Einfluss unterschiedlicher Peptone auf das Wachstum von *Lb. acidophilus* zu bewerten wurden fünf weitere Peptone herangezogen (vgl. Kapitel 0). Dabei wurden zwei weitere Peptone aus Soja, zwei aus Casein und ein pankreatisch verdautes Schweinepepton, mit der Bezeichnung Proteose Peptone No. 3, untersucht.

Es wurden je 10 ml Ansätze des entsprechenden Mediums 1 %ig (v/v) angeimpft und bei 37°C bebrütet (siehe 4.5). Nach 16 h wurden die Zellkonzentrationen sowie Zellmorphologien mit dem Coulter Counter analysiert (siehe 4.9.1). Die Ergebnisse sind in Abb. 6 mit weiteren Wachstumsexperimenten zusammenfassend dargestellt.

Die Unterschiede in der Zellkonzentrationen reichten von $6,9*10^7$ Zellen/ml (mittlere Zellvolumen 2,69 µm³) für das getestete Sojapepton von Difco™ bis hin zu $8,1*10^8$ Zellen/ml (mittlere Zellvolumen 1,35 µm³) für Peptone No. 3 (Abb. 6). Mikroskopische Kontrollen der Zellpopulationen (Abb. 4) verdeutlichen die unterschiedlichen Zellmorphologien und bestätigen die im Cell Counter ermittelten Werte für die Zellgrößen.

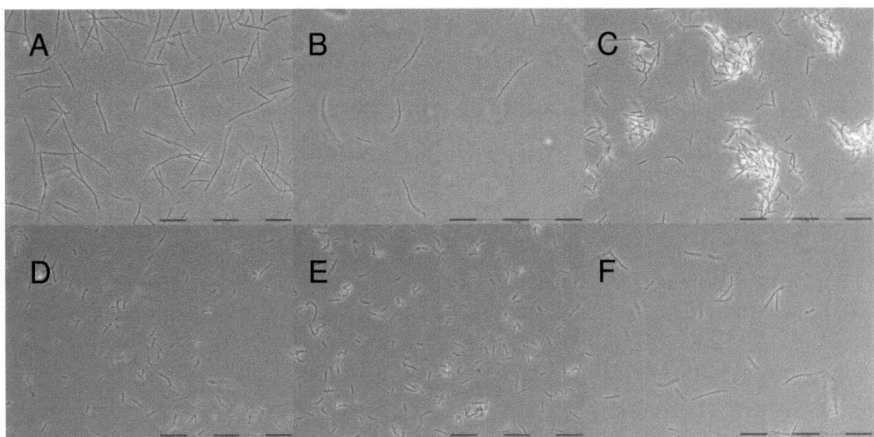

Abb. 4: Phasenkontrastaufnahmen von *Lb. acidophilus* nach Kultivierung für 16 h bei 37°C in GEM (generell essbares Medium) mit unterschiedlichen Peptonen.
A: Sojapepton (Serva), B: Sojapepton (Fluka), C: Sojapepton (Difco^{TM}), D: Bacto Tryptone (BD), E: Peptone No. 3 (Difco^{TM}), F: Casiton (Merck). Balken = 100 µm.

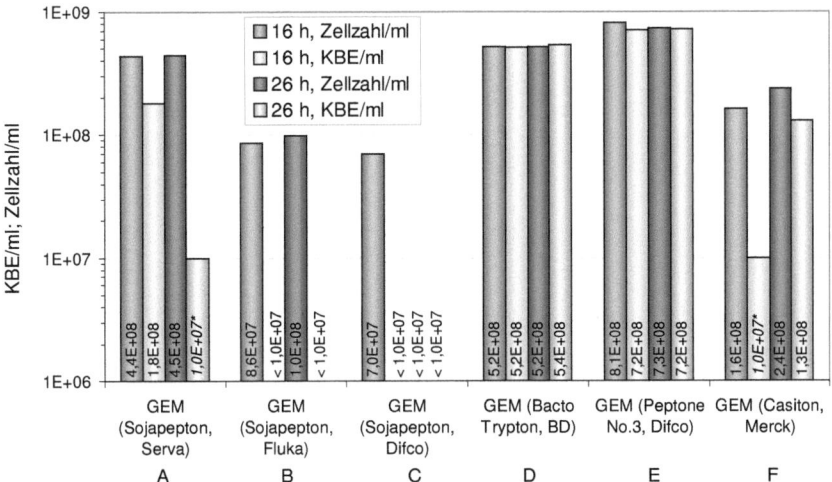

Abb. 5: Zellkonzentrationen und KBE von *Lb. acidophilus* nach Kultivierung für 16 und 26 h in GEM mit unterschiedlichen Peptonen.
Die angegebenen Großbuchstaben beziehen sich auf die in Abb. 4 angegebene Zuordnung. *Die erhaltenen Werte lagen außerhalb des Vertrauensbereichs der Analytik. Die Nachweisgrenze betrug 10^7 KBE/ml.

Wie in Abb. 5 zu erkennen ist, kommt es in 2 von 3 getesteten Ansätzen mit Sojapepton zu einem sehr geringen Wachstum nach 16 h und zu einer deutlichen Abnahme nach 26 h (die Werte lagen teilweise unter der Nachweisgrenze von 10^7 KBE/ml). Die Konzentration an KBE für die mit Sojapepton der Fa. Serva versetzte Kultur lag nach 16 h deutlich unter der mit Bacto^{TM} Tryptone sowie Proteose Peptone No. 3 versetzten Kulturen. Nur bei Verwendung der beiden letztgenannten Peptone war es zudem gegeben, dass die Gesamt- und Lebendzellkonzentration nahezu identisch waren und sich diese auch nach 26 h Kultivierung nicht veränderten.

5.1.3. Kultivierung in vorgefertigten MRS Medien

Während der Evaluierung der Lebendzellkonzentrationsbestimmung wurde ermittelt, dass nicht alle Fabrikate von MRS-Medien, welche als fertiges Pulverkomponentengemisch vorliegen, für ein uneingeschränktes Wachstum von *Lb. acidophilus* NCFM auf den entsprechenden Agarplatten geeignet sind. Um ebenfalls den Einfluss von unterschiedlichen MRS-Medien auf das Wachstum von flüssigen Kulturen zu charakterisieren, wurden insgesamt fünf verschiedene Fabrikate getestet (MRSD, MRSS, MRSA, MRSR, MRSS$_{(Glukose)}$, MRSS$_{(Laktose)}$; siehe 0). Dabei haben MRSD, MRSS, MRSA, MRSR annähernd die gleiche Zusammensetzung. MRSS$_{(Glukose)}$ und MRSS$_{(Laktose)}$ sind vorgefertigte Pulvergemische, zu denen jeweils die Kohlenstoffquelle Glukose und Laktose separat zugesetzt wurden.

Die Kultivierung wurde analog 5.1.2 durchgeführt. Nach 16 h wurden die Zellkonzentrationen sowie Zellmorphologien mittels Coulter Counter analysiert. Die Ergebnisse sind in Abb. 6 mit weiteren Wachstumsexperimenten zusammenfassend dargestellt.

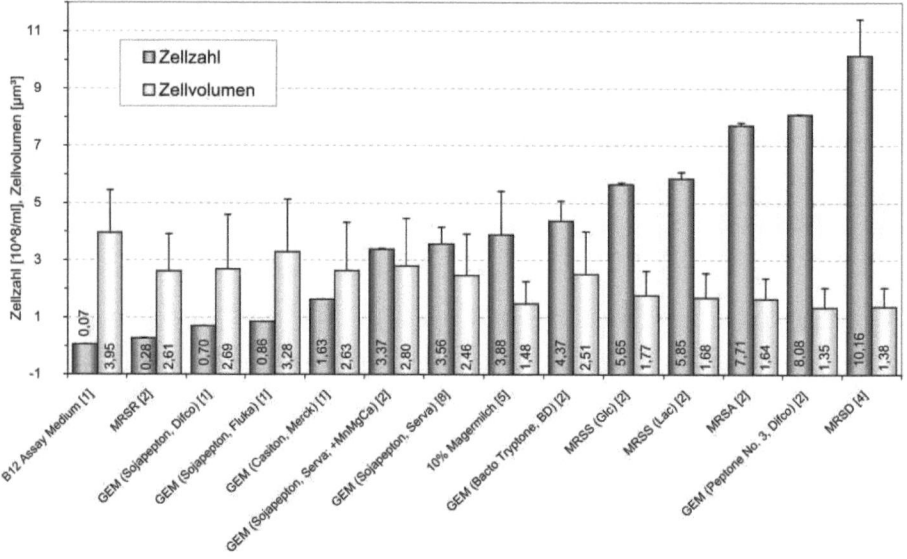

Abb. 6: Zellkonzentration und mittleres Zellvolumen von *Lb. acidophilus* nach Kultivierung für 16 h in unterschiedlichen Nährmedien.
Die Anzahl unabhängiger Experimente ist jeweils in Klammern angegeben. Für die Zellkonzentrationen sind Zweifachbestimmungen als Mittelwert ± MA, Mehrfachbestimmungen als Mittelwert ± SA angegeben. Die Abweichungen für das mittlere Zellvolumen wurden aus den jeweiligen Standardabweichungen und dem Gaussschen Fehlerfortpflanzungsgesetz ermittelt. Pro Partikelanalyse wurden 5000 – 30000 Zellen ausgezählt. Die Zellkonzentrationen für GEM$_{(Sojapepton, Serva)}$ und das GEM$_{(Peptone No. 3)}$ aus Abb. 6 weichen geringfügig von denen aus Abb. 5 ab, da für die Mittelwerte mehr Experimente herangezogen wurden.

Die Zellkonzentrationen reichten dabei von $2{,}8*10^7$ Zellen/ml für MRSR bis zu $1{,}0*10^9$ Zellen/ml für MRSD mit jeweiligen mittleren Zellvolumina von $2{,}61 \pm 1{,}3$ µm³ (L/D = $3{,}66 \pm 0{,}01$) und

1,38 ± 0,66 µm³ (L/D = 2,09 ± 0,31). Zur weiteren Übersicht sind die Daten zusätzlich in Tabellenform im Anhang 4 dargestellt. Betrachtet man die Ergebnisse der beiden Medien MRSS$_{(Glukose)}$ und MRSS$_{(Laktose)}$ in Abb. 6, so wird ersichtlich, dass die Verwendung von Glukose und Laktose zu nahezu identischen Zellkonzentrationen als auch Zellgrößen führt.

5.1.4. Weitere Medien zur Kultivierung von *Lb. acidophilus*

Vitamin B$_{12}$ Assay-Medium

Für ein weiteres Wachstumsexperiment wurde ein B$_{12}$ Assay-Medium verwendet. Dabei handelt es sich um ein chemisch definiertes Medium, welches für die Bestimmung der Vitamin B$_{12}$-Konzentration über einen mikrobiologischen Assay mit dem Vitamin B$_{12}$ auxotrophen Stamm *Lb. delbrueckii* subsp. *lactis* (*Lb. leichmannii*) ATCC 4797 und 7830, verwendet wird [Capps et al., 1949]. Entsprechend enthält es alle für das Wachstum benötigten Faktoren und Vitamine ausschließlich Vitamin B$_{12}$.

Die Kultivierung von *Lb. acidophilus* erfolgte analog 5.1.2. Die Ergebnisse des Wachstumsversuchs sind in Abb. 6 dargestellt. Die Zellkonzentration von $7*10^5$ Zellen/ml liegt ungefähr in dem Bereich, mit dem angeimpft wurde, so dass nach 16 h Kultivierung kein Nettowachstum stattgefunden hat. Dabei waren unter dem Mikroskop sehr lange filamentöse Formen zu beobachten, was mit dem im Vergleich hohen durchschnittlichen Zellvolumen von fast 4 µm³ bzw. hohen L/D-Verhältnis von 5,36 (siehe Anhang 4) einhergeht.

Magermilch

Ein weiteres Nährmedium, welches auf die Wachstumscharakteristik von *Lb. acidophilus* untersucht werden sollte, war Magermilch. Dazu wurden analog 5.1.2 Schraubröhrchen, welche mit 10 %iger Magermilch gefüllt waren, angeimpft und inkubiert. Ein wesentlicher Unterschied zu den vorherigen Versuchen war das Phänomen, dass es durch die Ansäuerung des Mediums zur Präzipitation kam. Durch extensives Vortexen war es allerdings möglich, die eingedickte Masse nach 16stündiger Inkubation zu verflüssigen. Dabei war eine Differenzierung der Bakterien und der verbliebenen kleineren Proteinaggregate bei der Partikelanalyse möglich, so dass eine ausreichende Quantifizierung der Zellkonzentration, als auch Größe, möglich war. Verglichen mit den anderen ausgetesteten Nährmedien (Abb. 6) waren die erzielten Zellkonzentrationen von durchschnittlich $3,9*10^8$ Zellen/ml im mittleren Bereich. Vergleicht man die Zellvolumen von durchschnittlich 1,48 µm³ (L/D = 2,22), so wird ersichtlich, dass die Bakterien verhältnismäßig kleine Zellen ausbildeten.

5.1.5. Einfluss von Calcium auf die Stabilität beim Gefrieren

In der Arbeit von Wright und Klaenhammer (1981) wird beschrieben, dass die Zugabe bestimmter Calciumderivate in das Nährmedium zu einer erhöhten Stabilität der Bakterien beim Einfrieren führt. Dabei wurde geschlussfolgert, dass der entscheidende Einfluss der Stabilitätserhöhung in der Veränderung der Zellgröße liegt und kurze Stäbchen, deren Ausbildung durch Calciumzugabe induziert wurde, eine höhere Stabilität als lange Stäbchen haben. Um die in dieser Arbeit registrierten unterschiedlichen Zellmorphologien sowie einem möglichen Zusammenhang zur Zellstabilität nachzugehen, wurden Experimente der damaligen Arbeit sowie vergleichbare Studien mit GEM durchgeführt.

Ergebnisse

Untersuchungen in GEM

Zunächst wurden zwei GEM hergestellt, welche mit 2 g/l $CaCl_2 \times 2H_2O$ sowie 1 g/l $CaCO_3$ versetzt waren. Diese Calciumquellen wurden als effektiv beschrieben, um in MRSD kurze, bakteroide Zellen zu generieren. Im Gegensatz zu der Arbeit von Wright und Klaenhammer (1981), sollte in diesem Fall untersucht werden, ob die Bildung von kurzen Stäbchen durch Calciumzugabe in GEM induziert werden kann.

Lb. acidophilus NCFM wurde für 8 h in Medium mit und ohne Calciumzusatz kultiviert. Anschließend wurden die Ansätze zentrifugiert (5 min, 4000 x g), der Überstand mit 10 %iger Magermilch (Difco^{TM}) ersetzt, gemischt und in 1 ml Portionen in 1,5 ml Eppendorf-Gefäße aliquotiert. Die Präparate wurden bei -20°C und -70°C eingefroren und zu unterschiedlichen Lagerzeiten die KBE/ml bestimmt.

Mikroskopische Analysen ergaben keine Unterschiede der Kulturen, welche in den drei GEM kultiviert wurden. Dies war auch noch nach 23 h Kultivierung der Fall (Daten nicht gezeigt). In allen Ansätzen waren einheitlich lange Stäbchen dominant. Während der Lagerung über einen Zeitraum von 47 Tage bei -20°C konnte eine stetige, wenn auch leichte Abnahme der KBE registriert werden. Diese betrug nach 47 Tagen zwischen 65 % und 45 % der Ausgangskeimzahl. Sowohl für die bei -20°C als auch -70°C gelagerten Proben konnte keine Verbesserung der Lagerstabilität durch zuvorige Calciumzugabe detektiert werden. Die Messdaten sind graphisch im Anhang 5 dargestellt.

Untersuchungen in MRSD

Im Gegensatz zu der beschriebenen Arbeit von Wright und Klaenhammer konnten in eigenen Experimenten bei der Kultivierung von Lb. acidophilus NCFM in MRS Medium von Difco^{TM} durchgängig kurze Stäbchen nachgewiesen werden. Obwohl eine Zellverkleinerung durch Calciumzugabe nicht zu erwarten war, sollte doch der Einfluss der oben beschriebenen Calciumderivate untersucht werden.

Lb. acidophilus NCFM wurde analog der Arbeit von Wright und Klaenhammer (1982) für 12 h in MRSD mit und ohne den für GEM beschriebenen Konzentrationen an Calciumderivaten (siehe oben) in 15 ml Zentrifugenröhrchen kultiviert. Anschließend wurden die Ansätze zentrifugiert (5 min, 4000 x g), der Überstand mit 10 %iger Magermilch (Difco^{TM}) ersetzt, gemischt, in 1 ml Portionen aliquotiert und bei -20°C gefroren gelagert.

Die mikroskopische Analyse ergab für alle drei Ansätze durchgehend einheitliche kleine Stäbchen. In keinen der Präparationen führte eine Zugabe der Calciumderivate zum Kultivierungsmedium zu einer Stabilitätssteigerung während der Lagerung der Präparate bei -20°C.

5.1.6. Einfluss des Kultivierungsmedium auf die Hydrophobizität der Bakterienzellen

Es sollte untersucht werden, inwieweit sich Zellen, die in unterschiedlichen Medien kultiviert wurden, in der Hydrophobizität der Zelloberfläche unterscheiden. Als Maß dafür wird die Eigenschaft von Zellen an der wässrigen Phasengrenze eines Hydrocarbons zu binden (MATH-Test) herangezogen [Rosenberg et al., 1980]. Dazu wurden Zellen aus $MRSD_{(Pepton\ No.3)}$-, $GEM_{(Pepton\ No.3)}$- und $GEM_{(Sojapepton,\ Serva)}$-Kulturen untersucht. Die Ergebnisse des MATH-Tests der drei Kulturen in stationärer Wachstumsphase sind in Abb. 7 dargestellt. Um sicher zu gehen, dass die Abnahme der OD_{600nm} nicht durch Sedimentation von Zellen verfälscht wurde, wurden alle

Ansätze erneut nach der in Kapitel 4.9.6 beschriebenen Prozedur gemischt und bereits nach 5 min die optische Dichte gemessen.
Es ist deutlich erkennbar, dass sich die Hydrophobizitäten der GEM-Kulturen mit ca. 80 % sowie ca. 84 % nach weiteren 5 min Inkubation, nicht merklich unterscheiden. Dagegen weist die MRSD-Kultur mit ca. 70 % eine etwas geringere Neigung zur Bindung an Hexadekan auf. Auch ohne den absoluten Wert von ca. 10 % Differenz zu bewerten wird ein Unterschied der GEM- und MRSD-Kulturen sichtbar.

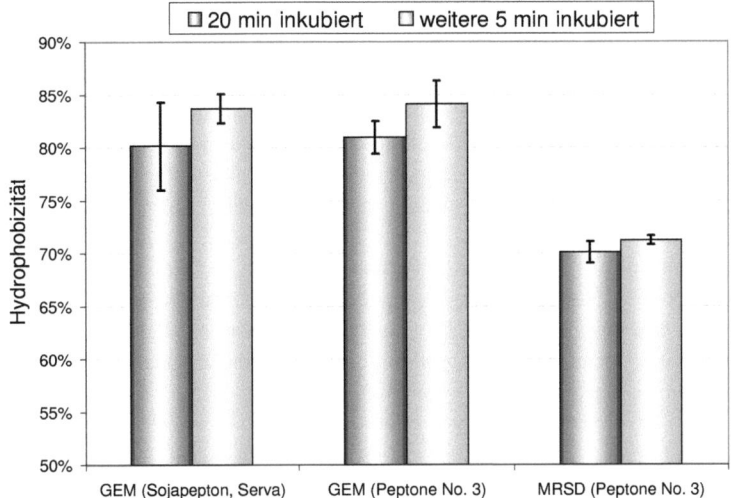

Abb. 7: Hydrophobizitätstest (*MATH, Microbial Adherence to Hydrocarbon*) von dreifach gewaschenen *Lb. acidophilus* Zellen, welche in drei unterschiedlichen Medien für 16 h kultiviert wurden.
Der Messung nach 20 min Inkubation in Hexadekan folgte ein weiterer Mischzyklus und Inkubation für 5 min. Ausgedrückt ist das mittlere Bindungsvermögen an der wässrigen Phasengrenze zu Hexadekan in Dreifachbestimmung. GEM: Generell essbares Medium, MRSD: MRS-Medium Typ Difco^{TM}.

Ergebnisse

5.1.7. Übertragbarkeit gefundener Medieneinflüsse auf andere Lactobacillus Stämme

Wachstumsstudien mit *Lb. acidophilus* NCFM ergaben, dass dieser Stamm sehr unterschiedliche Charakteristika bei Verwendung unterschiedlicher Medien aufweist. Um eine Abschätzung zu erhalten, inwieweit die Ergebnisse auch auf andere Lactobacillaceae übertragbar sind, wurden insgesamt 8 weitere Stämme auf dessen Wachstumscharakteristik in unterschiedlichen Nährmedien untersucht (siehe Tab. 4).

Die Kultivierungen wurden nach der hier angewendeten Standardprozedur durchgeführt (Kapitel 4.5). Im Falle der Magermilchkulturen wurden nur die Proben analysiert, bei denen die Verflüssigung der eingedickten Brühe mittels Vortexen möglich war und bei denen nach erfolgter Partikelanalyse eine klare Trennung zwischen Bakterien und Proteinaggregaten vorlag.

Die Ergebnisse der Wachstumsversuche der unterschiedlichen Lactobacillen sind zusammenfassend in Abb. 8 dargestellt. Betrachtet man für jeden einzelnen Stamm die Zellkonzentration in Bezug zum Nährmedium, kann zusammenfassend gesagt werden, dass die Unterschiede für die Stämme *Lb. salivarius* und *Lb. delbrueckii* subsp. *lactis* (ATCC 4797) verhältnismäßig gering ausfielen, für alle weiteren Stämme jedoch sehr deutlich waren. Lediglich im Stamm *Lb. johnsonii* La1 wurden die geringsten Ausbeuten im MRSD ermittelt, während bei drei der insgesamt neun Stämme (*Lb. salivarius*, *Lb. delbrueckii* subsp. *lactis* (ATCC 4797), *Lb. delbrueckii* subsp *bulgaricus* (ATCC 11842)) das Wachstum dem im $GEM_{(Sojapepton, Serva)}$ glich. In allen Stämmen, die in Magermilch analysiert wurden, waren die Zellausbeuten gegenüber den anderen Medien am geringsten.

Betrachtet man die durchschnittlichen Zellvolumina der einzelnen Populationen in unterschiedlichen Medien, so fällt auf, dass lediglich *Lb. johnsonii* La1 und *Lb. delbrueckii* subsp. *lactis* (Lb0901) die ähnliche Tendenz wie *Lb. acidophilus* NCFM besitzt, verhältnismäßig kleine Zellen in MRSD auszubilden. Allen untersuchten Stämmen war gemein, dass das Wachstum in Magermilch zu verhältnismäßig kleinen Zellen führte.

Durch die hier durchgeführten Partikelanalysen werden die Größenunterschiede zwischen den einzelnen Arten (Spezies) und Unterarten (Subspezies) deutlich. Besonders auffällig sind die deutlichen Unterschiede der beiden *Lb. rhamnosus* Unterarten sowie zwischen den zwei untersuchten Stämmen von *Lb. delbrueckii* subs. *lactis*.

Die Daten der Wachstumsversuche sowie daraus kalkulierte L/D-Verhältnisse sind zusätzlich im Anhang 6 aufgelistet.

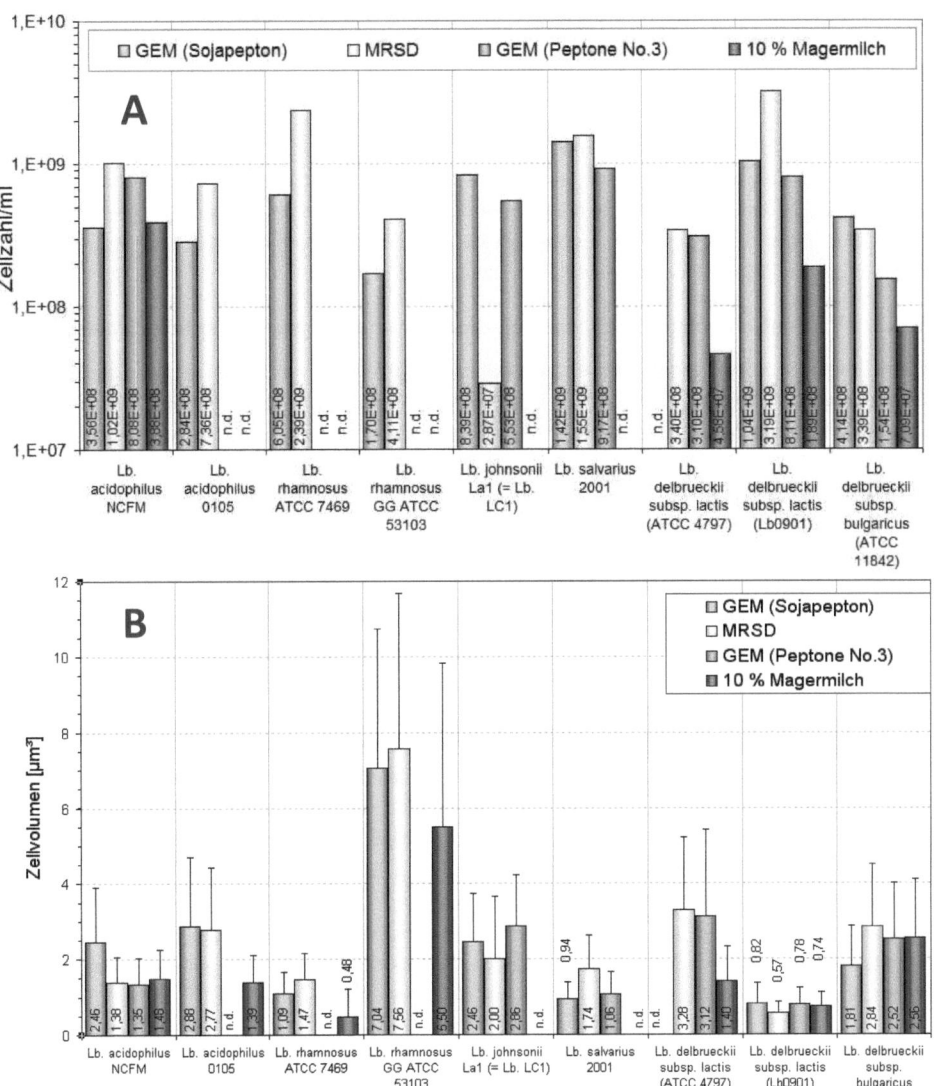

Abb. 8: Einfluss unterschiedlicher Nährmedien auf die Zellkonzentration (A) und das mittlere Zellvolumen (B) von unterschiedlichen Lactobacillus Stämmen.
Die Bakterien wurden für 16 h bei 37°C in den angegebenen Medien kultiviert. Die Ergebnisse stammen aus unterschiedlichen Experimenten, so dass manche Kombinationen nicht detektiert (n.d.) wurden.

5.2. Herstellung und Charakterisierung von gefriergetrockneten Bakterienpräparaten

Die Gefriertrocknung ist aufgrund seiner milden Trocknungsbedingungen nach wie vor das Verfahren der Wahl zur Trocknung sensitiver und wertvoller Substanzen wie bspw. Mikroorganismen für die Lebensmittelindustrie [Santivarangkna et al., 2007]. Bei der Entwicklung alternativer Konservierungsverfahren wird diese Technik daher oft als Referenzverfahren herangezogen. In dieser Arbeit wurde die Gefriertrocknung ebenfalls als Konservierungsverfahren für Lb. acidophilus herangezogen um unterschiedlichste Einflüsse während der Kultivierung und Prozessierung auf dieses Trocknungsverfahren bewerten zu können.

5.2.1. Einfluss unterschiedlicher lyoprotektiver und kryoprotektiver Schutzmatrizes

Bei der Etablierung des Lyophilisationsprozesses war es zunächst von Interesse, eine geeignete Formulierung zu finden, die eine Schutzwirkung während des Einfrier- und des Sublimationsschrittes bietet. Basierend auf einer vorherigen Arbeit an der TU-Berlin, in der eine entsprechende Schutzmatrix mit der Bezeichnung LyoA als sehr effektiv beschrieben wurde [Wesenfeld, 2005], sollte die Wirkung dieses Mehrkomponentengemisches untersucht und durch ausgewählte Variation einzelner Inhaltsstoffe bewertet werden. Zudem sollte zum Vergleich eine Formulierung bestehend aus 20 %iger Trehalose in 1 M Phosphatpuffer herangezogen werden [Conrad et al., 2000; Crowe et al., 1996]. Trehalose wird in der Literatur oft ein sehr guter Schutzeffekt, sowohl während des Gefrierens als auch der Trocknung, zugeschrieben.

In diesem Experiment sollte der schützende Effekt nach dem Gefrieren bei -70°C, der Gefriertrocknung selbst und während der Lagerung der Lyophilisate bei 37°C ermittelt werden. Lb. acidophilus wurde für 8 h bei 37°C in GEM kultiviert. Je 34 ml der Kulturbrühe wurden zentrifugiert und der Überstand mit 18 ml der in Tab. 9 dargestellten Schutzmatrizes ersetzt. Die homogenisierten Ansätze wurden jeweils in 1 ml Proportionen in Glasvials aliquotiert und bei -70°C eingefroren. Nach dem Gefriertrocknungszyklus (18 h, $T_{Stellfläche}$: -30°C; 6 h, $T_{Stellfläche}$: 10°C) wurden die Lyophilisate mittels Schnappdeckel wasserdampfdicht verschlossen und bei 37°C gelagert. Die Zusammensetzungen der sechs getesteten Schutzmatrizes sowie die ermittelten Charakteristika der unterschiedlichen Präparate während der Prozessierung sind in Tab. 9 dargestellt. Es ist ersichtlich, dass die höchsten Überlebensraten nach der Lyophilisation sowie die geringsten Absterberaten während der Lagerung, ausgedrückt durch den geringen Abfall der Regressionsgerade, von den Schutzmatrizes LyoA und LyoH ausgehen (Tab. 9).

Tab. 9: Schutzwirkung unterschiedlicher Formulierungen während der Gefriertrocknung und der anschließenden Lagerung von *Lb. acidophilus* Präparaten.
Die Lagerung erfolgte in wasserdampfdichten Vials bei 37°C.

Abk.	Schutzmatrix	Überlebensrate nach Einfrieren	Überlebensrate nach Lyophilisation	mittlere Restfeuchte nach Gefriertrocknung			Regressions-gerade[II] $LOG(N/N_0)=$	R^2
LyoA	1,5 % Gelatine, 1 % Glycerol, 5 % Maltodextrin (GLUCIDEX 12®), 5 % Laktose; pH 5,62	90,7%	90,2%	4,7%	±	0,2%	-0,351x	0,995
LyoE[I]	1,5% κ-Carrageen, 5 % Maltodextrin (GLUCIDEX 12®), 5 % Laktose; pH 6,01	63,8%	53,3%	2,4%	±	0,7%	-0,495x	0,950
LyoF	1 % Glycerol, 5 % Maltodextrin (GLUCIDEX 12®), 5 % Laktose; pH 4,67	88,7%	61,7%	2,6%	±	0,2%	-0,589x	0,995
LyoH	1,5 % Gelatine, 1 % Glycerol, 5 % Maltodextrin (MALTISORB 200®), 5 % Laktose; pH 5,67	129,2%	106,6%	6,0%	±	0,3%	-0,414x	0,985
LyoI	1,5 % Gelatine, 1 % Glycerol, 5 % Maltodextrin (PEARLITOL 160C®), 5 % Laktose; pH 6,23	73,1%	48,9%	7,2%	±	0,0%	-0,779x	0,918
Tre	20 % Trehalose in PBS Puffer	76,3%	39,3%	2,5%	±	1,0%	-0,988x	0,845

[I] Zur Verflüssigung wurde der Ansatz vor der Anwendung kurzeitig auf 42°C erhitzt.
[II] Die Geradengleichung entspricht der Trendlinie in Abb. A 4 (Anhang 7), d.h. der Abnahme der KBE bei 37°C Lagerung.

In weiteren Experimenten sollte der Schutzeffekt während der Gefriertrocknung von LyoA mit dem von Magermilch verglichen werden. Dazu wurden mehrere Experimente durchgeführt, in denen *Lb. acidophilus* zusätzlich in den Nährmedien GEM sowie MRSD kultiviert wurde. Die Versuchskombinationen sowie die resultierenden Überlebensraten während der Gefriertrocknung sind zusammenfassend in Tab. 10 dargestellt.

Für alle Ansätze wurden die Bakterien jeweils für 8 h kultiviert, zentrifugiert und der Medienüberstand mit der jeweiligen Schutzmatrix ersetzt. Die Gefriertrocknung fand für 24 h ohne Stellflächenbeheizung statt.

Tab. 10: Einfluss des Nährmediums und der Schutzmatrix auf die Überlebensrate von *Lb. acidophilus* während der Gefriertrocknung.
Alle Ansätze wurden für 8 h kultiviert und in der angegebenen Schutzmatrix für 24 h lyophilisiert. Für die Erläuterung der Abkürzungen siehe Kapitel Material und Methoden.

Nähr-medium	Schutzmatrix	Überlebensrate nach Gefriertrocknung	±	SA, MA	Anzahl unabhängiger Versuche
MRSD	10 % Magermilch	76,6%	±	16,8%	2
MRSD	LyoA	88,9%	±	8,3%	3
GEM	LyoA	58,3%	±	15,1%	3
GEM	10 % Magermilch	36,8%	±	27,5%	3

Sowohl für GEM- als auch MRSD-Kulturen zeigte die Verwendung von LyoA eine höhere Schutzwirkung als 10 %ige Magermilch (Tab. 10). Auffällig ist der große Einfluss des Kultivierungsmediums, welcher zu einer Diskrepanz der Überlebensraten von 40 % für Magermilchpräparate und 31 % für LyoA-Präparate führte.

Basierend auf den erzielten Ergebnissen bezüglich der Schutzwirkung von LyoA während der Gefriertrocknung und Lagerung von Lyophilisaten, wurde diese Matrix für kommende Experimente als Standard gesetzt und weiter verwendet.

5.2.2. Einfluss der Restfeuchte auf die Lagerstabilität

Die Restfeuchte (RF) bzw. die daraus resultierende Wasseraktivität (a_W) kann einen entscheidenden Einfluss auf die Lagerstabilität von trockenen Bakterienpräparaten haben. Daher sollte der Einfluss unterschiedlicher RF in gefriergetrockneten Präparaten bewerten werden. Dazu wurden LyoA-Lyophilisate von *Lb. acidophilus* mit unterschiedlichen RFs hergestellt, bei 37°C gasdicht gelagert und die Abnahe der Lebendzellkonzentration über die Zeit verfolgt.
Lb. acidophilus wurde bis zur späten logarithmischen Wachstumsphase (8 h) kultiviert und die Zellen in LyoA überführt. Anschließend wurde der Ansatz in ca. 100 Glasvials aliquotiert und diese bei -70°C eingefroren. Die gefrorenen Präparate wurden dann auf unterschiedlichen Stellplattenebenen in der Gefrierkammer positioniert und mit zwei unterschiedlichen Stellflächentemperaturprofilen lyophilisiert:

1. 22 h, $T_{Stellfläche}$ -30°C
2. 22 h, $T_{Stellfläche}$ -30°C; 22 h $T_{Stellfläche}$ 15°C, 2 h $T_{Stellfläche}$ 30°C

Durch diese Kombinationen der Herstellung wurden Lyophilisate unterschiedlichster Restfeuchten generiert. Nach dem Wiegen aller Proben und Kalkulation der jeweiligen RF wurden die Proben in insgesamt 4 Gruppen mit ähnlichem Wassergehalt (4,6 ± 0,2 %; 5,5 ± 0,2 %; 6,7 ± 0,3 %; 9,8 ± 0,3 %) zusammengefasst und bei 4 und 37°C wasserdampfdicht gelagert. Proben mit einer RF von durchschnittlich 4,6 % wurden zudem bei 26°C gelagert.

Tab. 11: Zusammenhang zwischen der Restfeuchte und Lagerstabilität von gefriergetrockneten *Lb. acidophilus* Präparaten.
Die D-Werte sind jeweils das Mittel aus mindestens vier unterschiedlichen Lagerzeiten.

Restfeuchte im Präparat	D-Werte [h]			Gleichung	Regression Koeffizient (R^2)	z-Wert [°C]
	$D_{4°C}$	$D_{26°C}$	$D_{37°C}$			
4,6 ± 0,2 %	9149	535	168	Log D_T = 4,158-0,053T	0,998	18,8
5,5 ± 0,2 %	8151	n.d.	79	Log D_T = 4,155-0,061T	-	16,4
6,7 ± 0,3 %	7431	n.d.	44	Log D_T = 4,141-0,067T	-	14,8
9,8 ± 0,3 %	3156	n.d.	n.d.	-	-	-

Die bei 37°C gelagerten Lyophilisate mit einer RF von 9,8 ± 0,3 % wiesen bereits nach 27 h eine Lebendzellkonzentration unterhalb der Nachweisgrenze von 10^3 KBE/ml auf. Bei einer Lagertemperatur von 4°C besteht ein linearer Zusammenhang zwischen dem $D_{4°C}$-Werten und der RF im Präparat (R^2 = 0,98). Für die drei $D_{37°C}$-Werte ist dieser Zusammenhang hingegen weniger genau (R^2 = 0,88).

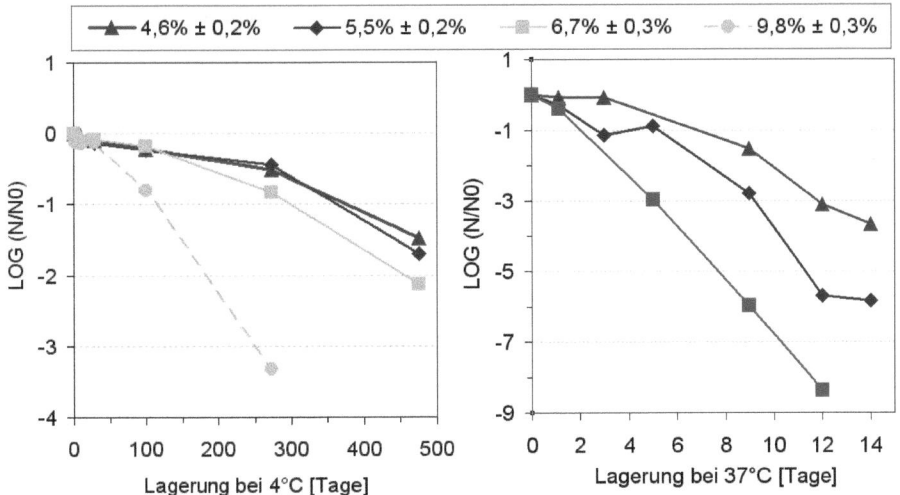

Abb. 9: Einfluss des Restwassergehaltes auf die Überlebensrate von gelagerten *Lb. acidophilus* Lyophilisaten.
Als Probenbezeichnung sind die mittleren Restfeuchten ± SA der LyoA-Präparate nach der Gefriertrocknung angegeben. Die Lagerung erfolgte bei 4 und 37°C und einer rel. LF von 11,3 %.

Für die Proben in RF-Bereichen von 4,6 – 6,7 % und Lagertemperaturen von 4 - 37°C lassen sich die entsprechenden z-Werte (vgl. 4.9.3) kalkulieren:

$z^{(4,6\%)} = 18,8°C$; $z^{(5,5\%)} = 16,4°C$; $z^{(6,7\%)} = 14,8°C$

Die unterschiedlichen Präparate müssen jeweils um die Temperatur des z-Wertes erhöht werden um den selben Abtötungseffekt auf die Bakterien zu haben. Anders ausgedrückt haben die Präparate bei diesen Temperaturen die selbe Stabilität/Haltbarkeit.

5.2.3. Einfluss der Wachstumsphase auf die Stabilitätseigenschaften

Für die Wahl eines geeigneten Erntezeitpunktes sind aus technologischer Sicht folgende Fragestellungen von Relevanz: Wann bzw. in welcher Phase sollte eine Bakterienkultur geerntet werden um 1. eine maximale Zellkonzentration zu erhalten und 2. eine höchstmögliche Toleranz gegenüber anschließenden Prozessschritten zu erlangen? Dieser Frage nachgehend sollten Kulturen aus der späten exponentiellen und stationären Wachstumsphase auf dessen Stabilität während der Gefriertrocknung und anschließenden Lagerung untersucht werden. Dazu wurde *Lb. acidophilus* in MRSD bei 37°C kultiviert und nach 8 h (späte exponentielle Phase) und nach 16 h (stationäre Phase) geerntet. Die notwendigen Zeiten wurden dabei in Vorversuchen ermittelt (siehe Anhang 2). Die Kulturen wurden mittels Zentrifugation separiert, das Zellpellet in LyoA überführt und in 1 ml Glasvials aliquotiert. Nach dem Einfrieren bei -70°C wurden die Proben lyophilisiert (22 h, $T_{Stellfläche}$ -20°C; 3 h, $T_{Stellfläche}$ 10°C; 3 h $T_{Stellfläche}$ 30°C) und bei 37°C und einer rel. LF von 11,3 % gelagert.

Ergebnisse

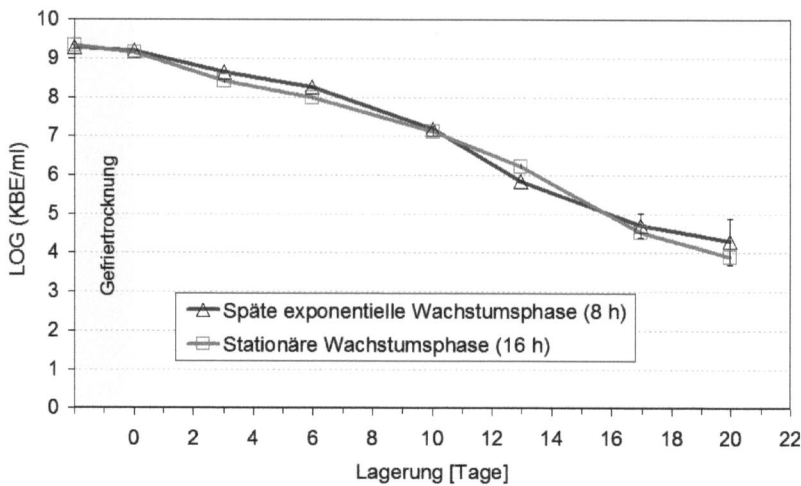

Abb. 10: Einfluss der Wachstumsphase auf die Stabilität von *Lb. acidophilus* während der Gefriertrocknung und anschließenden Lagerung.
Die Bakterien wurden für 8 und 16 h in MRSD bebrühtet und für die Trocknung in LyoA überführt. Die Lagerung der getrockneten Präparate erfolgte bei 37°C und einer rel. LF von 11,3 %. Angegeben ist jeweils das Mittel einer Zweifachbestimmung ± MA.

Die Überlebensraten der Bakterienansätze betrugen für die 8 h Kultur 69,3 ± 0,8 % und für die 16 h Kultur 78,6 + 1,5 %. Hier lässt sich ein leichter Vorteil der stationär gewachsenen Kultur bezüglich des Gefriertrocknungsprozesses ausmachen. Über einen Zeitraum von 20 Tagen und eine Gesamtabnahme der Lebendzellkonzentration von über 5 Zehnerpotenzen lagen die Lebendzellkonzentrationen in der selben Größenordnung. Somit konnten keine Unterschiede bezüglich des Stabilitätsverhaltens detektiert werden.

5.2.4. Einfluss des Kultivierungsmedium auf die Stabilität von lyophilisierten Bakterienpräparaten

Wachstumsversuche von *Lb. acidophilus* NCFM zeigten deutlich, wie unterschiedlich das Bakterium in unterschiedlichen Kultivierungsmedien wächst. Dies betrifft die Gesamtpopulation in Form der unterschiedlichen Zellkonzentrationen als auch die einzelnen Zellen in Bezug auf Veränderungen in der Zellmorphologie. Technologisch ist von Interesse, ob und wie sich Zelleigenschaften dadurch ändern. In vorangegangenen Experimenten (Tab. 10) konnte bereits ein Zusammenhang zwischen der Zellstabilität während der Gefriertrocknung und dem Kultivierungsmedium detektiert werden.
Im Folgenden sollte der Einfluss des Nährmediums auf die Stabilität der Bakterien, sowie die Temperaturabhängigkeit der Lagerstabilität, näher untersucht werden.
Lb. acidophilus Kulturen wurden in 250 ml Schottflaschen für 8 h in MRSD und GEM bei 37°C gezüchtet. Das Medium wurde nach der Ernte mit LyoA ersetzt (siehe Kapitel 4.6) und gefriergetrocknet (22 h, $T_{Stellfläche}$: -30°C; 6 h, $T_{Stellfläche}$: 10°C). Die Lyophilisate wurden

Ergebnisse

anschließend bei 4, 20, 26, 37, 45 und 60°C wasserdampfdicht gelagert und regelmäßig analysiert.
Nach dem Einfrieren bei -70°C und nach der Gefriertrocknung betrugen die Überlebensraten in den MRSD-Präparationen jeweils 108,4 % und 108,7 %. Dagegen betrugen die Überlebensraten für die GEM-Präparationen jeweils 82,1 % und 50,9 %. Es ist nicht erklärbar, warum die Überlebensraten für die MRSD-Präparationen jeweils über 100 % liegen. Die D-Werte sowie die daraus ableitbare Regression sind in Tab. 12 und Abb. 11 dargestellt.

Tab. 12: Temperaturabhängigkeit der Lagerstabilität von gefriergetrockneten *Lb. acidophilus* Präparaten.
Die Bakterien wurden für 8 h bei 37°C in GEM und MRSD angezüchtet und in der Schutzmatrix LyoA gefriergetrocknet. Die Lagerung erfolgte in wasserdampfdichten Vials bei den angegebenen Temperaturen. Die angegebenen D-Werte wurden aus Überlebensraten von mindestens drei unterschiedlichen Lagerzeiten pro Lagertemperatur kalkuliert und gemittelt. Beschreibungen der Abkürzungen sind dem Kapitel Material und Methoden zu entnehmen.

Medium	D-Wert [h]						Regressionsgleichung	Regressions-Koeffizient (R^2)	z-Wert [°C]
	$D_{4°C}$	$D_{20°C}$	$D_{26°C}$	$D_{37°C}$	$D_{45°C}$	$D_{60°C}$			
GEM	1834	328	168	34	21	n.d.	Log D_T = 3,471-0,049T	0,992	15,9
MRSD	21202	2097	719	119	47	7	Log D_T = 4,539-0,063T	0,997	20,4

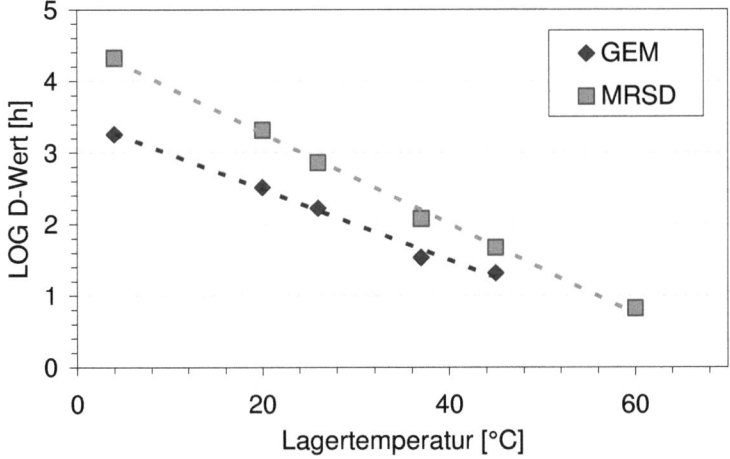

Abb. 11: Linearisierte Auftragung der D-Werte von gefriergetrockneten *Lb. acidophilus* Präparaten gegen die Lagertemperatur.
Die Versuchsbeschreibung und Spezifikationen der Regressionsgerade sind Tab. 12 zu entnehmen.

Aus der linearisierten Auftragung der D-Werte gegenüber der Lagertemperatur kann die deutliche Abhängigkeit der Lagerstabilität bezüglich des verwendeten Fermentationsmediums entnommen werden. Die Regressionskoeffizienten von über 0,99 deuten auf eine adäquat beschriebene Abhängigkeit von Temperatur und dem bakteriellen Absterben hin. Dabei war die Abnahme der bei

60°C gelagerten GEM-Präparate so rapide, dass unter den Analysebedingungen keine Zellen mehr erfasst wurden. Aus der Differenz der kalkulierten z-Werte von 4,5°C geht hervor, dass Präparate von MRSD-Kulturen bei einer um 4,5°C höheren Temperatur gelagert werden können als die GEM-Präparate und dabei äquivalente Stabilitäten aufweisen. Bei isolierter Betrachtung einer Lagertemperatur besteht bspw. bei 4°C eine um den Faktor 11 differierende Lagerstabilität, d.h. die Lebendzellkonzentration ist bei gleicher Lagerzeit 11fach höher, wenn *Lb. acidophilus* in MRSD kultiviert wurde.

5.2.4.1. Einfluss von Pepton auf die Zellmorphologie und die Zellstabilität

Es konnte ein deutlicher Zusammenhang zwischen dem im Nährmedium enthaltenem Pepton und der Zellmorphologie dargestellt werden (5.1.2). Um die in 5.2.4 gefundenen Ergebnisse bezüglich der Stabilitätsabhängigkeit des Nährmediums zu spezifizieren, sollte gezielt der Einfluss des Peptons auf die Prozessstabilität untersucht werden. Der Fokus lag dabei in der Generierung unterschiedlicher Zellmorphologien, so dass eine mögliche Abhängigkeit der Zellgröße zur Stabilität verdeutlicht wird.

Lb. acidophilus wurde für 8 h bei 37°C in Standkultur gezüchtet. Als Medium wurde MRSD und $GEM_{(Pepton\ No.3)}$ verwendet, von denen bekannt war, dass darin tendenziell kurze Zellen wachsen, und $GEM_{(Sojapepton,\ Serva)}$, das sich durch Wachstum langer Zellen auszeichnet. Die Proben wurden nach der Ernte analog 5.2.4 präpariert und gefriergetrocknet. Die Lyophilisate wurden bei 37°C in Glasvials bei einer rel. LF von 11,3 % sowie wasserdampfdicht verschlossen gelagert (siehe 4.8). Der Unterschied dieser beiden Lagerbedingungen liegt in dem Wassergehalt der Atmosphären, welcher für die mit Schnappdeckeln verschlossenen Proben undefiniert ist. Die mittlere Zunahme der Restfeuchte betrug für die dicht verschlossenen Proben 0,3 ± 0,1 % (m_{H2O}/m_{Gesamt}), was geringer war als für die Proben unter definierter Lageratmosphäre (0,9 ± 0,3 %; Abb. 13). Von den Proben wurde über einen Zeitraum von 14 Tagen regelmäßig die Lebendzellkonzentration in Doppelbestimmung analysiert.

Zur Überprüfung wurden zudem die Zellen nach der Ernte mittels Coulter Counter analysiert. Die Analysedaten mit den entsprechenden Zellcharakteristika sind in Abb. 12 (A-C) dargestellt. Zusätzlich wurden Zellen von *Lb. acidophilus* aus dem originalen gefrorenen Yo-Mix^{TM} Präparat in 0,85 % (w/v) NaCl-Lösung verdünnt und untersucht. Dies soll einen Vergleich geben, welche Zellcharakteristika die von der Fa. Danisco vertriebenen Organismen aufweisen.

Ergebnisse

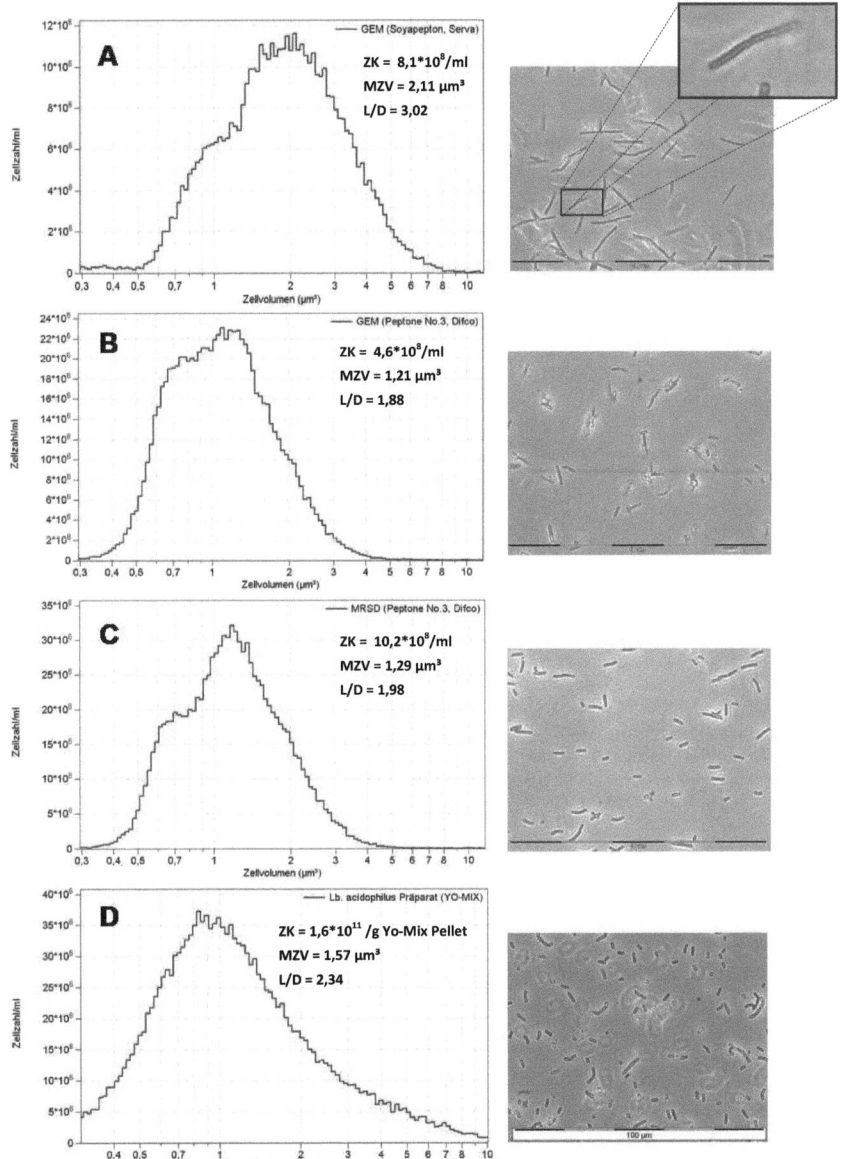

Abb. 12: Partikelverteilung von *Lb. acidophilus* kultiviert in GEM$_{(Sojapepton, Serva)}$ (A), GEM$_{(Pepton No.3)}$ (B), MRSD$_{(Pepton No.3)}$ (C) und zum Vergleich des originalen Danisco Präparates (Yo-Mix^{TM}) (D) sowie Phasenkontrastaufnahmen der jeweiligen Kulturen.
ZK (Zellkonzentration), MZV (mittleres Zellvolumen), L/D (normiertes Längen-Durchmesser-Verhältnis). Messbereiche der Datenerfassung: A-C: 0,36 - 6,8 µm³; D: 0,25 - 11,7 µm³. Pro Messung wurden zwischen 10000 und 30000 Zellen erfasst. Balken = 100 µm. Zellen in A sind durchschnittlich länger und treten zudem vermehrt in kurzen Ketten auf, was exemplarisch verdeutlicht wurde (orange Ausschnitt).

Ergebnisse

In Abb. 12 sind die Zellcharakteristika der unterschiedlichen Kulturen zusammengefasst. Durch die Verwendung von Peptone No. 3 im GEM steigt die maximale Zellkonzentration und gleichzeitig sinkt das durchschnittliche Zellvolumen. Diesen äußerlichen Merkmalen nach gleicht diese Kultur eher der in MRSD als in GEM$_{(Sojapepton, Serva)}$.
Vergleicht man die mikroskopischen Bilder sowie die Größenverteilung von gelösten *Lb. acidophilus*-Präparaten der Fa. Danisco (Abb. 12D), so wird ersichtlich, dass der Großteil der Zellen ebenfalls sehr klein ist. Aus der Kalkulation des L/D-Ratios ergibt sich ein Wert von 2,34, der über dem der MRSD- (L/D: 1,98) und GEM$_{(Pepton\ No.3)}$-Kultur (L/D: 1,88), und unter dem der GEM$_{(Sojapepton, Serva)}$-Kultur (L/D: 3,02), liegt. Ein auffälliges Merkmal der in Abb. 12 D dargestellten Größenverteilung ist der vergleichsweise hohe Anteil an großvolumigen Partikeln.

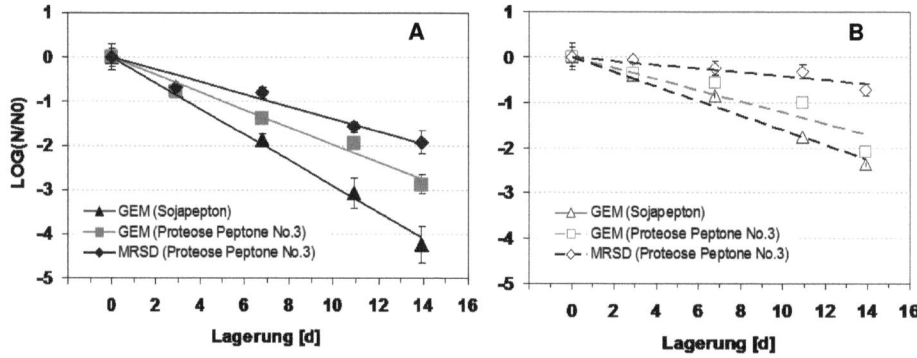

Abb. 13: Lagerstabilität von gefriergetrockneten *Lb. acidophilus* Präparaten, welche in unterschiedlichen Medien kultiviert wurden.
Die Präparate wurden wasserdampfdicht (A) und bei einer rel. LF von 11,3 % (B) bei 37°C gelagert. Die mittlere RF der Proben nach der Lyophilisation betrug 3,3 ± 0,2 %. Die mittlere Zunahme der Restfeuchte während der Lagerung betrug für (A) 0,9 ± 0,3 % und für (B) 0,3 ± 0,1 %.

Nach der Gefriertrocknung waren die durchschnittlichen Überlebensraten der unterschiedlich fermentierten Bakterien für GEM$_{(Sojapepton, Serva)}$ 34 %, GEM$_{(Pepton\ No.3)}$ 77 % und für MRSD$_{(Pepton\ No.3)}$ 104 %. Diese Stabilitätsreihenfolge ist ebenfalls während der Lagerung der Bakterienpräparate bei 37°C unter beiden Lagerbedingungen ersichtlich (Abb. 13).

5.3. Einfluss einer gezielten Stresswirkung auf die Stabilität der Bakterienkultur

Im theoretischen Teil wurde erläutert, dass Mikroorganismen sich an ungünstige Umweltbedingungen adaptieren können und sich dadurch theoretisch auch technologisch günstige Zelleigenschaften induzieren lassen. In den folgenden Experimenten sollte der Frage nachgegangen werden, inwieweit sich die technologischen Eigenschaften, genauer die Stabilität während der Prozessschritte Einfrieren, Gefriertrocknung und Lagerung im trockenen Zustand, von *Lb. acidophilus* durch gezielte Stressbehandlung verbessern lassen. Als Stresstyp wurden definierte Temperaturbehandlungen während der Fermentation herangezogen. Die Höhe und Einwirkzeit des Temperaturschocks sowie die anschließende Regenerationsbedingungen der Zellen wurden anhand bestehender Studien anderer Forschungsgruppen (siehe 6.5), sowie eigener Vorversuche zur Temperaturbehandlung (siehe Anhang 9), gewählt.

Einfluss auf die Gefrierstabilität

Lb. acidophilus wurde für 16 h in MRSD bei 37°C kultiviert und anschließend für 20 Minuten bei unterschiedlichen Temperaturen (37, 45, 50 und 55°C) in einem Wasserbad inkubiert. Die Hitzeeinwirkung wurde durch das Eintauchen in ein Eiswasserbad für 5 min abgebrochen. Die Bestimmung der Lebendzellkonzentration erfolgte unmittelbar nach dem Hitzeschock sowie nach 1, 4, 8 und 12 Einfrier-Auftau-Zyklen. Durch die wiederholten Zyklen werden mögliche Effekte intensiviert, wodurch diese besser detektiert werden können. Die Proben wurden bei -20°C für mindestens 3 h eingefroren und bei Raumtemperatur aufgetaut.

Nach dem ersten Einfrier-Auftau-Zyklus konnte in allen Proben eine hohe Überlebensrate registriert werden. Dabei zeigten 3 der 4 Proben (37, 50 und 55°C behandelt) eine leicht erhöhte KBE (bis zu 20 %), verglichen mit der Ursprungsprobe. Während der weiteren Zyklen kam es zu einer stetigen Abnahme der Lebendzellkonzentration, bis diese schließlich nach dem 12. Zyklus zwischen 6 bis 7 Zehnerpotenzen abgenommen hatte. Auffälligstes Merkmal war, dass durchweg die 37°C-Referenzprobe die höchste Überlebensrate zeigte und somit keine Temperaturbehandlung zur erhöhten Gefrierstabilität führte. Eine graphische Darstellung der Ergebnisse kann zusätzlich dem Anhang 10 (Abb. A 7) entnommen werden.

Einfluss auf die Stabilität während der Gefriertrocknung

Lb. acidophilus wurde analog dem vorherigen Abschnitt kultiviert und für 0 min (Referenz), 5 min und 20 min bei 50°C hitzebehandelt. Die Proben wurden anschließend in Glasvials aliquotiert, verschlossen und direkt in flüssigem Stickstoff bei -196°C schockgefroren. Die Vials wurden über Nacht bei -70°C zwischengelagert und für 48 h ohne Stellplattenbeheizung gefriergetrocknet. Die Lebendzellkonzentration wurde zu jedem Prozessschritt in Dreifachbestimmung analysiert. Die Ergebnisse sind in Abb. 14 dargestellt, die Ausgangskeimzahl entspricht dabei der Anzahl an KBE nach der jeweiligen Temperaturbehandlung. Auffälligerweise sind alle Lebendzellkonzentrationen nach dem Einfrieren über denen der Ausgangskeimzahl, was zunächst nicht erklärbar war. Die Überlebensraten nach der Gefriertrocknung sind für alle drei Proben mit Werten zwischen 17 und 25 % verhältnismäßig niedrig. Die in MRSD lyophilisierten Proben lagen mit 25 % deutlich unter den Überlebensraten, wie sie für Präparate, die in eine Schutzmatrix überführt wurden, ermittelt wurden (vgl. Tab. 9).

Ergebnisse

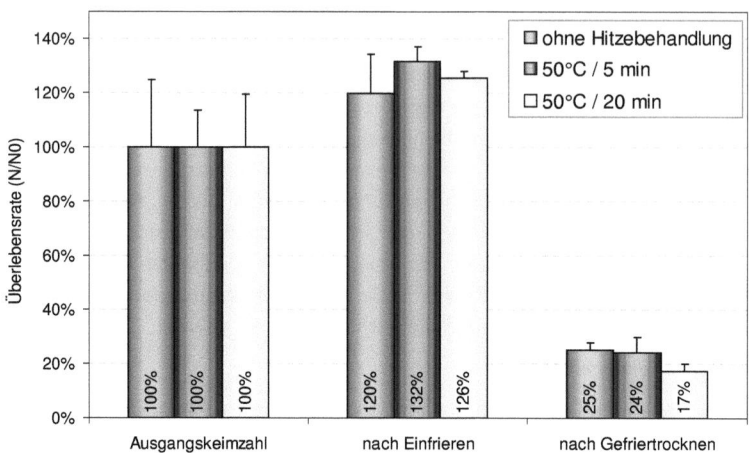

Abb. 14: Einfluss ausgewählter Temperaturbehandlungen auf die Stabilität von Lb. acidophilus während der Gefriertrocknung.
Die Proben wurden nach der Hitzebehandlung schockgefroren und im Nährmedium für 48 h gefriergetrocknet. Daten sind der Mittelwert einer Dreifachbestimmung ± SA [Permjakow, 2011].

Einfluss auf die Lagerstabilität

Im Folgenden sollte der Einfluss einer milden Hitzebehandlung während der Fermentation auf die darauf folgende Lagerung in gefriergetrockneter Form untersucht werden. Dazu wurden MRSD-Kulturen (16 h, 37°C) für 20 min bei 37, 47 und 50°C in beheizten Wasserbädern inkubiert, für 3 min in Eiswasser abgekühlt und in die Schutzmatrix LyoA überführt (siehe 4.6). Nach Verteilung der Präparationen in Glasvials wurden diese in flüssigen Stickstoff schockgefroren und bei -70°C zwischengelagert. Anschließend wurden die Proben für 48 h gefriergetrocknet und bei 26 und 37°C mit einer rel. LF von 11,3 % gelagert.

Tab. 13: D-Werte von Hitzestress induzierten und lyophilisierten Lb. acidophilus Präparaten während der Lagerung.
Die Kulturbrühen wurden für 20 min mit unterschiedlichen Temperaturen behandelt, in LyoA überführt, schockgefroren und lyophilisiert. Die Lagerung erfolgte bei 37 und 26°C und einer rel. LF von 11,3 % [Permjakow, 2011].

Temperaturbehandlung:	37°C	47°C	50°C	Temperaturbehandlung:	37°C	47°C	50°C
	$D_{37°C}$ [h]				$D_{26°C}$ [h]		
3 Tage Lagerung	661	230	192	3 Tage Lagerung	2126	502	589
7 Tage Lagerung	565	356	317	-			
14 Tage Lagerung	482	330	130	-			
21 Tage Lagerung	247	195	195	21 Tage Lagerung	833	652	608
Mittelwert der D-Werte	489	278	209	Mittelwert der D-Werte	1418	577	599
± SA	177	77	78	± MA	647	75	10

Die Überlebensraten der Proben lagen nach dem Gefrieren einheitlich bei über 80 %, nach der Gefriertrocknung einheitlich bei über 70 %. Trotz der hohen Abweichungen in den D-Werten kann doch ein klarer Unterschied zwischen behandelten und unbehandelten Proben registriert werden. Sowohl bei 26 als auch 37°C kam es in den unbehandelten Proben zu geringeren Absterberaten.

5.4. Herstellung von Granulaten mit immobilisierten *Lb. acidophilus* mittels Kaltextrusion

Im Rahmen dieser Arbeit sollte bewertet werden, inwieweit sich der Prozess der Kaltextrusion dazu eignet, Lactobacillen in eine Teigmatrix zu verkapseln. Neben der Etablierung des Verkapselungsprozesses galt es zudem die Extrudate durch Trocknung in einen lagerfähigen Zustand zu überführen und die Einflussnahme der Trocknung sowie der Lagerung auf die immobilisierten Bakterien zu charakterisieren.

Bei der Prozessentwicklung stellt die Kombination der zwei verfahrenstechnisch anspruchsvollen Prozesse Fermentation und Extrusion eine hohe Herausforderung dar. Es gilt nach der Ernte der Bakterienbrühe diese sinnvoll in den Extrusionsprozess zu integrieren. Eine ökonomische Herangehensweise ist dabei die native Kulturbrühe als teigbildendes Prozesswasser zu nutzen.

5.4.1. Lagerbeständigkeit von flüssigen *Lb. acidophilus* Präparaten

Um die Lactobacillen nach der Fermentation weiter zu verarbeiten ist eine Zwischenlagerung in den meisten Fällen unumgänglich. Diese sollte möglichst produktschonend sein, so dass man eine Weiterverarbeitung standardmäßig bei herabgesetzten Temperaturen durchführt. Im Folgenden wurde überprüft, inwieweit sich eine *Lb. acidophilus* Kultur, in der aufgrund von Stoffwechselprodukten ein saures Milieu herrscht, nach dem Abkühlen auf 4°C lagern lässt. Diese Kenntnis ist bspw. notwendig, wenn beabsichtigt wird, eine native Kulturbrühe als Feed-Lösung in den Extrusionsprozess zu integrieren.

In Abb. 15 sind die Ergebnisse von zwei unabhängigen Untersuchungen dargestellt. Dabei wurde erstens eine *Lb. acidophilus* Kultur nach 16 h Inkubation in MRSD von 37°C auf 4°C gekühlt und über einen Zeitraum von 2 Tagen analysiert. Zweitens wurde überprüft, wie sich die Bakterienpopulation nach Überführung in das flüssige Lyo- und Kryoprotektivum LyoA verhält. Dazu wurde eine Kultur nach 16 h zentrifugiert, der Überstand mit LyoA ersetzt und bei -20°C eingefroren. Nach 2 Tagen wurde der Ansatz aufgetaut und bei 4°C gelagert.

Beide Experimente dienen der Bewertung, ob es zeitliche Limitierungen bei der Integration der Kulturbrühe in den Extrusionsprozess gibt.

Ergebnisse

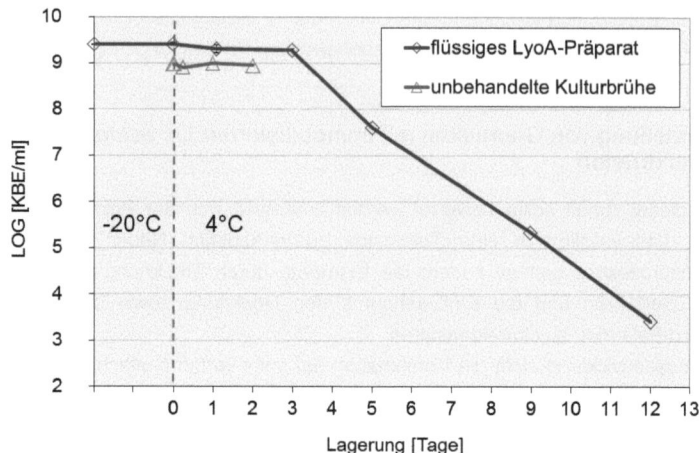

Abb. 15: Einfluss einer gekühlten Lagerung von nativer *Lb. acidophilus* Kulturbrühe sowie in LyoA überführtes Zellkonzentrat auf die Viabilität.
Experiment 1: Das hergestellte LyoA-Präparat (blau) wurde für 2 Tage bei -20°C eingefroren, aufgetaut und bei 4°C gelagert. Experiment 2: Die Kulturbrühe wurde nach 16 h Inkubation bei 37°C in MRSD auf 4°C gekühlt und gelagert.

Wie aus Abb. 15 ersichtlich wird, ist eine ausgewachsene Kulturbrühe nach Kühlung auf 4°C noch für mindestens 2 Tage lagerfähig, ohne dass sich die Anzahl an KBE merklich reduziert. Die Kultur, welche in LyoA überführt wurde, zeigte keine Reduktion nach dem Einfrieren. Eine anschließende Lagerung bei 4°C führte bis zum 3. Tag zu keinem, darüber hinaus allerdings zu einem deutlichen, Abfall der KBE.

5.5. Verwendung des Doppelschneckenextruders ZSK25 zur Immobilisierung von *Lb. acidophilus* in einer Teigmatrix

In ersten Versuchsanordnungen sollte native Kulturbrühe von *Lb. acidophilus* als flüssige Zudosierung bei der Extrusion von Durum Hartweizenmehl mit dem gleichlaufenden Doppelschneckenextruder (ZSK25, Coperion Werner & Pfleiderer, Stuttgart, Deutschland) nach dem in Abb. 3 dargestellten Schema verwendet werden. Dazu wurden 2 l einer 16 h gewachsenen und abgekühlten MRSD-Kultur verwendet. Nach Kopplung des Kulturbrühegefäßes an die Pumpe der Flüssigzuführung des Extruders, wurde die Brühe dauerhaft gerührt und gekühlt. Es wurden Extrudate aus der zugeführten MRSD-Kultur und einem Durum Hartweizenmehl bei einem Gesamtmassenstrom von 77,8 g/min und einer Schneckendrehzahl von 100 rpm hergestellt. Die Extrudate wurden auf feinmaschigen Hordenblechen aufgefangen und anschließend bei 45°C im Hordentrockner bei max. Umluftgeschwindigkeit für 90 und 180 min bis zu einem Restfeuchteanteil von 6,93 % (90 min) und 5,90 % (180 min) getrocknet. Die Granulate wurden anschließend bei 37°C und einer rel. LF von 11,3 %, sowie 4°C und rel. LF von 11,3 und 43,0 %, in Exsikkatoren gelagert.

In Abb. 16 ist die Abnahme der KBE/g nach Herstellung und Lagerung von trockenen, mit *Lb. acidophilus* beladenen, Granulaten dargestellt. Es kam zu einer deutlichen Abnahme der KBE während der Extrusion, dessen Werte in ungetrockneten Extrudaten mindestens 2,2 Log-Einheiten unter denen der Startkonzentration lagen. Die manuelle Temperaturmessung der Proben direkt am Düsenaustritt ergab über den gesamten Prozess Werte von 38,2 - 38,6°C.

Während der Lagerung bei 4°C kann für den gewählten Lagerzeitraum kein Unterschied der Proben mit einer Luftfeuchte von 11,3 und 43,0 % und der jeweiligen Bakterienstabilität ermittelt werden. Dabei lagen die Abnahmen bei 4°C nach 182 Tagen im Bereich von einer halben Log-Einheit. Auffällig ist, dass es bei allen kühl gelagerten Proben innerhalb der ersten 21 - 29 Tage zu einer Erhöhung der detektierbaren KBE/g im Bereich von 0,07 - 0,39 Log-Einheiten gegenüber dem ursprünglichen Wert am Tag 0 kam. Es kam in den beiden Probentypen, welche bei einer rel. LF von 11,3 % und 4°C gelagert wurden, nach 2 Tagen zunächst zu einer weiteren Abnahme der KBE/g, bis dieser Wert dann nach 21 Tagen zunahm. Geht man jeweils von den niedrigsten KBE/g der 4°C-Lagerproben aus, so ergeben sich Zunahmen in der Viabilität innerhalb der ersten 21 - 29 Tage von durchschnittlich 0,34 Log-Einheiten ($\triangleq$ 218 %; rel. LF: 11,3 %) und 0,38 Log-Einheiten ($\triangleq$ 240 %; rel. LF: 43%). In allen 4°C-Proben konnte nach 63 Tagen eine erneute Abnahme der KBE/g registriert werden.

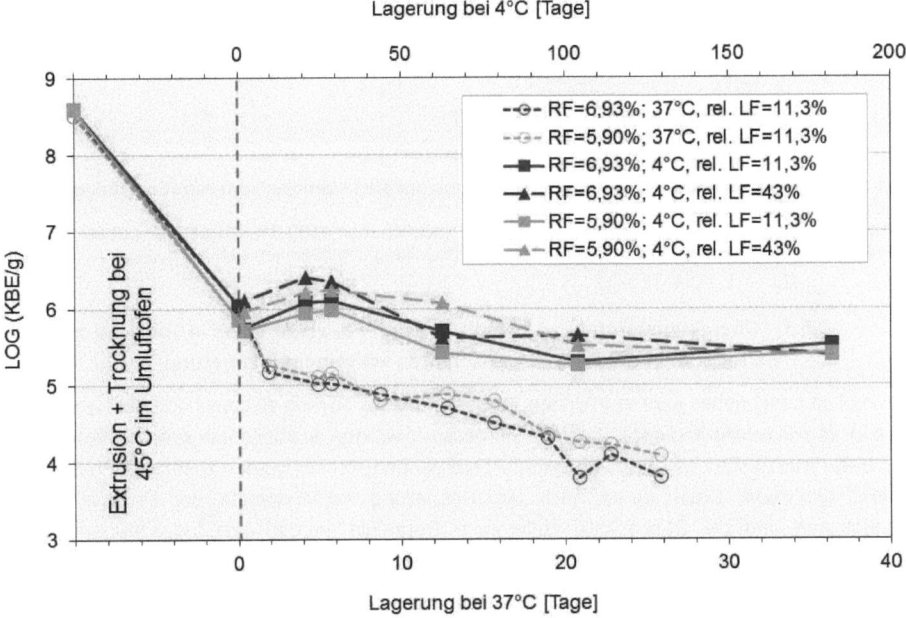

Abb. 16: Lebendzellkonzentration von *Lb. acidophilus* während und nach der Verkapselung in einem Teig aus 50 % Durum und 50 % Stärke.
Die Granulate wurden für 90 min (RF = 6,93 %) und 180 min (RF = 5,9 %) bei 45°C im Hordentrockner getrocknet. Proben wurden bei 4 und 37°C bei einer rel. LF von 11,3 und 43 % gelagert. *Werte berücksichtigen die Verdünnung während der Teigherstellung und beziehen sich auf $g_{(Granulat)}$.

Ergebnisse

In Abb. 17 ist die Abnahme der KBE/g während des Extrusionsprozesses sowie des Trocknungsverlaufs detailliert dargestellt. Die Überlebensrate der Bakterien betrug nach der Extrusion lediglich 0,6 %. Die Extrudate wurden mit einer ursprünglichen Restfeuchte von 28,2 % innerhalb von 3 h auf eine RF von 5,9 % getrocknet. Es wird ersichtlich, dass über 90 min hinaus die Trocknungseffizienz deutlich abnahm. Die Abnahme der Lebendzellzahl im Produkt erfolgte annähernd exponentiell und endete nach 3 h mit einem Verlust von 0,5 Log-Einheiten bezogen auf die Konzentration der feuchten Extrudate.

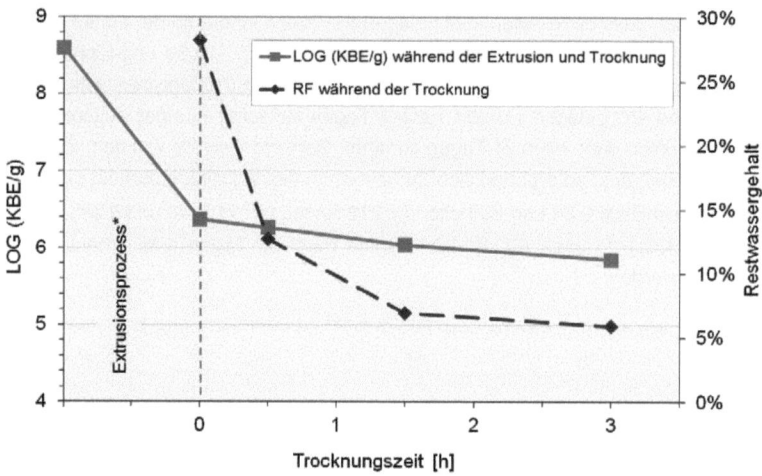

Abb. 17: Einfluss der Extrusion und der Trocknung auf die Lebendzellkonzentration verkapselter Lb. acidophilus Zellen.
Die Extrudate wurden auf feinmaschigen Hordenblechen bei 45°C im Umluftofen getrocknet. *Werte berücksichtigen die Verdünnung während der Teigherstellung und beziehen sich auf $g_{(Granulat)}$.

5.5.1. Charakterisierung von immobilisierten Lb. acidophilus in Teig und in Extrudaten und dessen Eigenschaften während der Lagerung

Wie oben beschrieben kam es in ersten Verkapselungsversuchen zu deutlichen Absterberaten von Lb. acidophilus während der Extrusion. Um besser bewerten zu können, in welchem Abschnitt des Extrusionsprozesses es zu den höchsten Absterberaten kommt, wurden zusätzlich Proben vor der Düse analysiert. Dazu wurde nach der Herstellung der Extrudate der Prozess kurzzeitig angehalten und die Düsenplatte abmontiert. Daraufhin wurden die Zudosierungen und die Schneckendrehzahl erneut gestartet, und nach 5 min begonnen Proben von den „Teigbällen", welche nun direkt aus dem Schneckenraum hinausbefördert und aufgefangen wurden, zu nehmen. Diese waren uneinheitliche Formen mit einem ungefähren Durchmesser von 4-10 mm.
Für die Teigherstellung wurde eine MRSD-Kultur (16 h, 37°C, Standkultur) wie unter 4.7.1 beschrieben an den Extruder angekoppelt und kontinuierlich zu einem Durum-Stärke-Gemisch (50:50) zudosiert. Durch die Verwendung von nativer Stärke sollte der Anteil des Klebereiweißes im Teig und somit die Zähigkeit herabgesetzt werden.
Sowohl geschnittene Extrudate als auch Teigproben wurden bei 40°C im Umluftofen auf Horden getrocknet und anschließend gelagert. Die Abnahme der Lebendzellkonzentration während der

Prozessschritte ist in Abb. 18 dargestellt. Während in den Extrudaten eine Abnahme von 1,55 Log-Einheiten (≙ einer Überlebensrate von 30 %) registriert werden konnte, betrug diese bei den Teigproben nur 0,52 (≙ einer Überlebensrate von 2,8 %). Durch die Diskrepanz wird ersichtlich, dass ein Großteil der Bakterieninaktivierung während der Passage durch die Düse stattfindet.

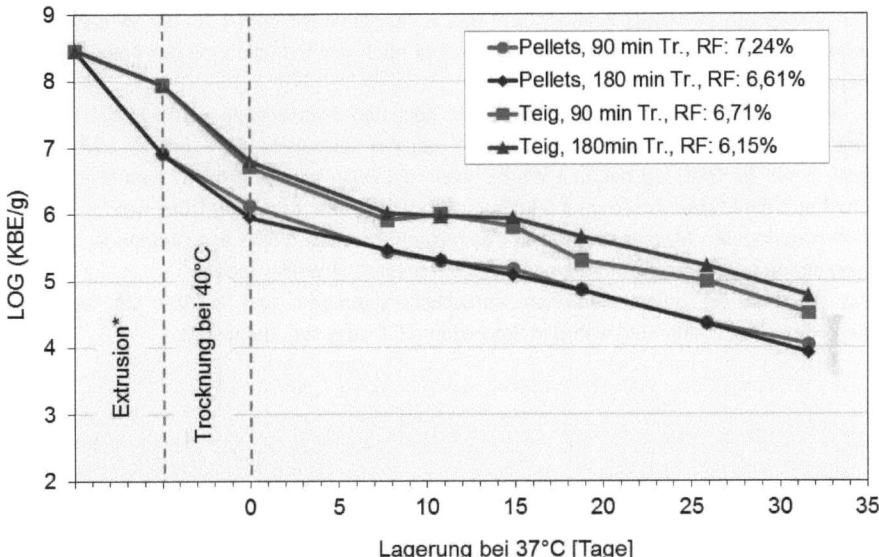

Abb. 18: Lebendzellkonzentration von *Lb. acidophilus* während und nach der Verkapselung in einem Teig aus 50 % Durum und 50 % nativer Stärke sowie der anschließenden Lagerung in trockener Form.
Geschnittene Granulate sowie nicht-extrudierte Teigstücke wurden für 90 und 180 min bei 40°C im Umluftofen getrocknet und bei 37°C und einer rel. LF von 11,3 % gelagert. *Werte berücksichtigen die Verdünnung während der Teigherstellung und beziehen sich auf $g_{(Granulat)}$.

Weiter ist in Abb. 18 gut sichtbar, dass die Lagerstabilität in den Pellets quasi identisch mit der in den Teigstücken ist. Zudem konnten in den Pellets als auch Teigproben keine Stabilitätsunterschiede aufgrund der unterschiedlich langen Trocknungszeiten und daraus resultierenden RF (Differenz ~0,6 % (w/w)) detektiert werden. In allen vier Probentypen war das Absterbeverhalten logarithmisch, was durch die geraden Verläufe der Graphen in Abb. 18 verdeutlicht wird.

5.5.2. Variation der Prozessgrößen: Schneckendrehzahl, Massenstrom und spezifische Düsenaustrittsfläche

Aufgrund der hohen Absterberaten während der Extrusion wurde angenommen, dass diese auf physikalische und/oder thermische Einflüsse im Extrusionsprozess zurückzuführen sind. Dem nachgehend wurden unterschiedliche Prozessbedingungen auf den Einfluss des Absterbeverhaltens untersucht. Die variierten Prozessgößen waren der Massendurchsatz (4,8, 3,2

Ergebnisse

und 1,6 kg/h) sowie die Verwendung von Düsen mit unterschiedlichen Düsendurchmesser (0,6, 0,8 und 1 mm) und spezifischen Düsenaustrittsflächen (24,3, 62,3 und 31,4 mm²). Die daraus resultierenden Bedingungen werden durch die in Abb. 19 dargestellten Systemgrößen Druck und Temperatur verdeutlicht. Mit abnehmendem Massendurchsatz wurde zudem die Schneckendrehzahl auf 100, 75 und 50 U/min herabgesetzt. Alle gemessenen und kalkulierten Daten sind zusätzlich im Anhang 18 aufgelistet. *Lb. acidophilus* wurde, wie in 4.7.1 beschrieben, im 2 Liter Maßstab in MRSD kultiviert und das Kulturgefäß mit dem Extruder verbunden. Die Teigproben wurden wie in 5.5.1 beschrieben jeweils nach der Extrusion mit der entsprechenden Düse entnommen.

Unter den harschsten Bedingungen, d.h. beim höchsten Massenfluss von 4,8 kg/h und der geringsten Düsenaustrittsfläche von 24,3 mm², lag der kalkulierte SME bei 53,7 Wh/kg. Der geringste ermittelte SME lag bei 33,4 Wh/kg, wenn die Düse mit der größten Austrittsfläche von 62,3 mm² und ein Massenfluss von 4,8 kg/h verwendet wurden. Für diese Düse wurden die SME der beiden geringeren Massenströme nicht gemessen, so dass davon auszugehen ist, dass die Energieeinträge unter diesen Anordnungen deutlich unter 33,4 Wh/kg liegen.

In Abb. 19 sind die unterschiedlichen Versuchsbedingungen, und in Abb. 20 die daraus resultierenden Überlebensraten während des gesamten Prozesses, dargestellt.

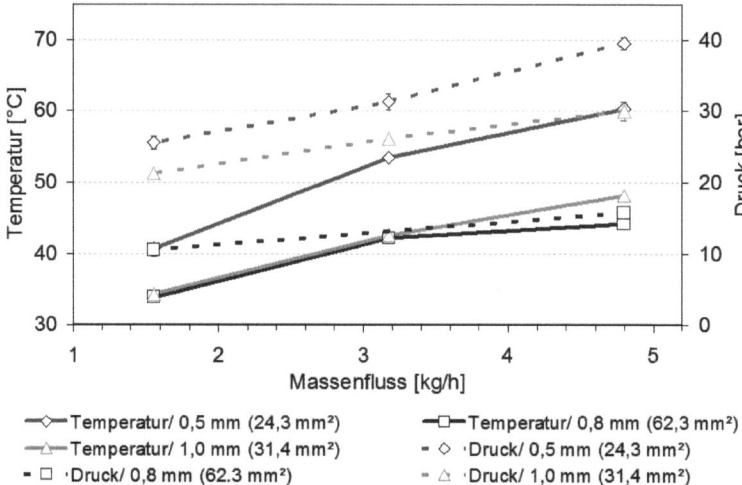

Abb. 19: Darstellung unterschiedlicher Versuchsbedingungen: Variation der Massenflüsse und Düsenspezifikationen und deren Einfluss auf die Produkttemperatur und den Druck vor der Düsenplatte während der Extrusion.
Der Einfluss dieser unterschiedlichen Prozessbedingungen auf die Überlebensrate ist in Abb. 20 dargestellt. Der Teig wurde aus MRSD-Kulturbrühe und Durum mit einem Endwassergehalt von 33,6 % hergestellt. Die Probenbezeichnung bezieht sich auf den gemessenen Systemparameter, den Durchmesser der Düsen und die jeweilige spezifische Düsenaustrittsfläche.

In allen Teigproben, die zu drei unterschiedlichen Zeiten und jeweils in Dreifachbestimmung entnommen wurden, konnten höhere KBE/g ermittelt werden, als in den gleichzeitig analysierten flüssigen Kulturen.

Ergebnisse

Die Überlebensraten der Pellets lagen alle in ähnlichen Bereichen zwischen 2,0 und 4,9 %. Es konnte demnach keine eindeutige Abhängigkeit der Überlebensrate von dem Systemdruck oder der Temperatur detektiert werden.
Eine zusammenfassende Übersicht der Versuchsdaten ist zusätzlich im Anhang 16 dargestellt.

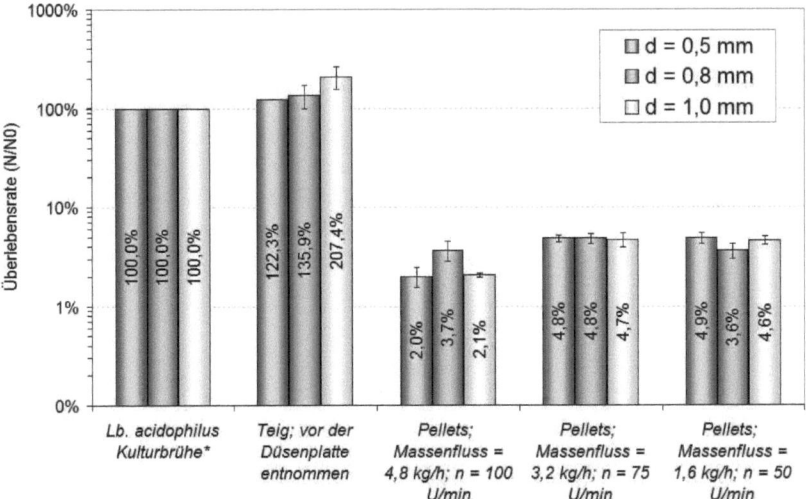

Abb. 20: **Mittlere Überlebensraten von *Lb. acidophilus* ± SA während der Verkapselung in einer Durum-Matrix bei unterschiedlichen Prozessbedingungen.**
Als Bezeichnung sind die Durchmesser (d) der verwendeten Düsen angegeben. *Lb. acidophilus* wurde für 16 h bei 37°C in MRSD in Standkultur angezüchtet. *Werte berücksichtigen die Verdünnung während der Teigherstellung und beziehen sich auf $g_{(Granulat)}$.

5.6. Verwendung des Pastaextruders PN100 zur Immobilisierung von *Lb. acidophilus* in einer Teigmatrix

In den vorherigen Abschnitten wurde dargestellt, wie *Lb. acidophilus* mit einem Doppelschnecken-Laborextruder kontinuierlich in eine Teigmatrix immobilisiert und in Form kleiner getrockneter Pellets gebracht werden kann.
Weitere Verkapselungsversuche sollten in einem kleineren Maßstab durchgeführt werden. Dazu wurde der Pastaextruder PN100 herangezogen (siehe 4.7.2). Ein wesentlicher Unterschied in der Versuchdurchführung liegt darin, dass der Teig im Batch-Betrieb hergestellt werden muss, und nicht wie im ZSK25 im Verfahrensteil des Extruders generiert wird.
In den folgenden Abschnitten wird der Einfluss unterschiedlicher Faktoren auf die Lebendzellkonzentration von immobilisierten *Lb. acidophilus* analysiert. Die untersuchten Prozessschritte waren u.a. gezielte Vorbehandlungen der Bakterien, die Teigherstellung, die Passage der Zellen durch die Düse, die Trocknung der geschnittenen Granulate sowie die Lagerung der Produkte bei unterschiedlichen Temperaturen. Zudem wurden sowohl flüssige Kulturbrühen bzw. daraus hergestellte Konzentrate, als auch gefriergetrocknete *Lb. acidophilus*

Ergebnisse

Präparate, für die Verkapselung verwendet.
Die wichtigsten Rohdaten und Kenngrößen aller Verkapselungsexperimente mit dem PN100 sind zusätzlich im Anhang 16 zusammenfassend aufgelistet.

5.6.1. Verkapselung von flüssigen *Lb. acidophilus* Präparationen

5.6.1.1. Verkapselung von nativer Kulturbrühe in einer Durum Matrix

In ersten Verkapselungsversuchen mit dem Pastaextruder PN100 wurde eine MRSD-Kultur von *Lb. acidophilus* wie in 4.5 verwendet. Es wurde, wie in 4.7.2 ausführlich beschrieben, eine definierte Menge an gekühlter Kulturbrühe in ein Mischgefäß vorgelegt und unter ständigem Kneten langsam Durum Hartweizenmehl zugegeben, so dass ein einheitlich krümeliger Teig mit einem kalkuliertem Wassergehalt von 36,6 % entstand. Der Teig wurde in den Vorratsbehälter des Pastaextruders überführt und extrudiert. Die so hergestellten Extrudate wurden für 3 h bei 30°C im Umluftofen getrocknet und anschließend bei 4 und 37°C und einer rel. LF 11,3 % gelagert (Abb. 21).

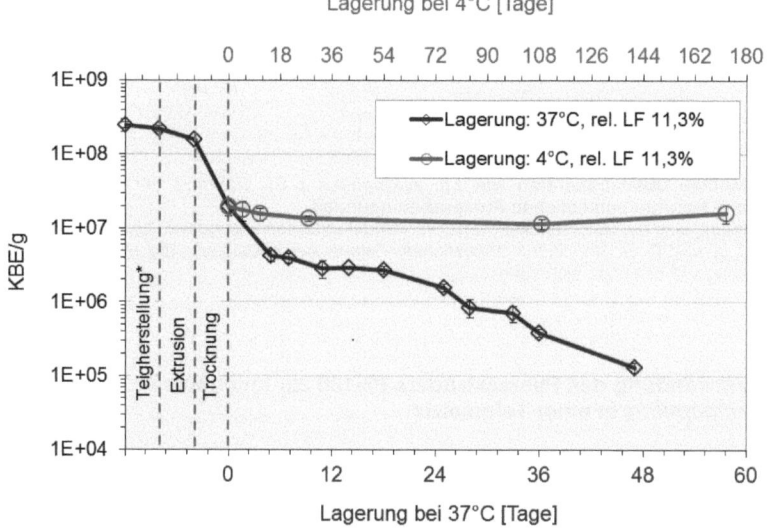

Abb. 21: Abnahme der Lebendzellkonzentration während der Verkapselung von *Lb. acidophilus* Kulturbrühe in einen Durum Teig und anschließender Trocknung und Lagerung.
Der Teig wurde aus einer MRSD-Kulturbrühe (16 h, 37°C, Standkultur) und Durum mit einer kalkulierten Restfeuchte von 36,6 % hergestellt. Die Lagerung erfolgte bei 4 und 37°C und einer rel. LF von 11,3 %. Analysen während der Verarbeitung wurden in Dreifachbestimmung, während der Lagerung in Zweifachbestimmung durchgeführt und sind als Mittelwert ± SA bzw. ± MA angegeben. *Werte berücksichtigen die Verdünnung während der Teigherstellung und beziehen sich auf $g_{(Granulat)}$.

Während der einzelnen Prozessschritte kam es erwartungsgemäß zu Abnahmen der Lebendzellkonzentrationen, doch fielen diese teilweise geringer aus, als sie bei der Verwendung des ZSK25 ermittelt wurden. Betrachtet man die einzelnen Prozessschritte, so kam es während der Teigherstellung zu einer Abnahme der KBE/g von 10,8 %, während der Extrusion um weitere

28,4 % und nach der dreistündigen Trocknung um nochmals 87,6 % (siehe auch Anhang 16). Während der Lagerung bei 4°C zeigte sich, dass sich die Lebendzellkonzentration der Extrudate über einen Zeitraum von 177 Tagen nicht wesentlich ändert (Abb. 21). Bei den bei 37°C gelagerten Proben kam es in den ersten 5 Tagen zu einer verhältnismäßig starken Abnahme, danach (Lagerzeit bis 48 Tage) zu einer kontinuierlicheren Abnahme.

5.6.1.2. Einfluss der Zellmorphologie von *Lb. acidophilus* auf die Stabilität während der Extrusion

Um den Einfluss der Extrusion näher zu beschreiben wurden Versuche durchgeführt, in denen die generierten Pellets wie in 4.7.2 beschrieben mehrfach dem Extrusionsprozess ausgesetzt werden. Dabei sollte gezielt der Zusammenhang zwischen der Zellmorphologie und dem Absterbeverhalten während der Extrusion untersucht werden. Dafür wurde *Lb. acidophilus* in MRSD, in dem tendenziell kleine Stäbchen gebildet werden, und GEM, in dem tendenziell lange Stäbchen gebildet werden, kultiviert und nach 16 h auf ca. 4°C im Eisbad gekühlt. Aus den Kulturen wurde jeweils ein Durum-Teig mit einer RF von 36,6 % hergestellt und insgesamt 4 Mal extrudiert.

In einem weiteren Experiment wurde ein MRSD-Durum-Teig hergestellt, bei dem der Mehlkomponente 5 %ig Ascorbinsäure zugeführt wurde. Mit diesem Teig wurden mehrfache Untersuchungen durchgeführt (siehe 5.6.1.3). Ein Teil der Pellets wurde wiederholt extrudiert, so dass die Ergebnisse vorab mit denen der beiden oben beschriebenen Experimenten in Abb. 22 dargestellt sind.

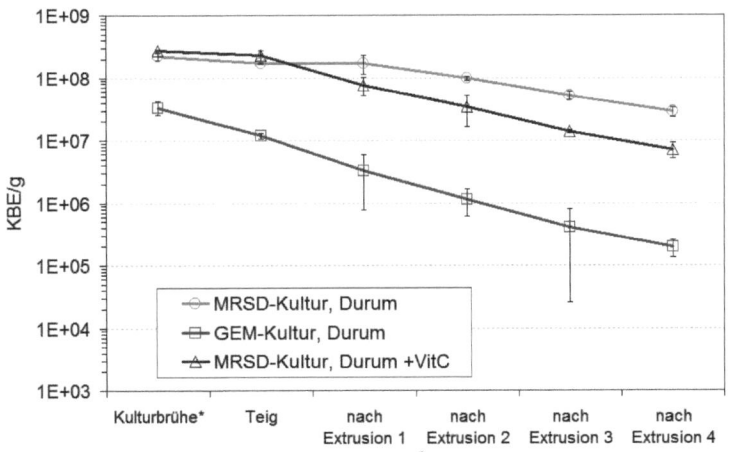

Abb. 22: Einfluss der Teigherstellung und wiederholter Extrusionen auf die Lebendzellkonzentration von *Lb. acidophilus*.
Kulturen wurden in GEM und MRSD gezüchtet, was zu tendenziell langen und kurzen Stäbchen führte. Der Teig wurde aus Durum Hartweizenmehl sowie einem mit Ascorbinsäure versetzten Durum Hartweizenmehl erzeugt. Daten sind das Mittel einer Dreifachbestimmung ± SA. *Werte berücksichtigen die Verdünnung während der Teigherstellung und beziehen sich auf $g_{(Granulat)}$.

Aus den Abnahmen der Lebendzellkonzentrationen in Abb. 22 wird ersichtlich, dass die Absterberaten der MRSD-Kultur während der Teigherstellung als auch der Extrusion geringer sind,

als die der GEM-Kultur. Weiter kann erkannt werden, dass eine 5 %ige Ascorbinsäurezugabe zu einer steileren Abnahme der Lebendzellkonzentration führt, sich die Zugabe somit negativ auf die Viabilität der Bakterien während der Prozessierung auswirkt.
Für die Absterberate während der wiederholten Extrusionen kann ein verhältnismäßig einheitlicher Trend (*bei dieser Auftragungsform ein linearer*) verzeichnet werden. Diese Abhängigkeit ist zusätzlich in Abb. A 11 , Anhang 14 mit weiteren Ergebnissen verdeutlicht.

5.6.1.3. Einfluss von Ascorbinsäure und des pH-Wertes auf den Verkapselungsprozess und die anschließende Lagerung

Einfluss von Ascorbinsäure

Es sollte untersucht werden, inwieweit sich eine Zugabe von Ascorbinsäure durch dessen antioxidative Eigenschaften schützend auf die immobilisierten Zellen auswirkt. Neben den einzelnen Prozessschritten während der Herstellung der Granulate ist vor allem die Wirkung während der Lagerung von Interesse, da in dieser Phase die größtmögliche Wirkung zu vermuten ist.

Dazu wurde eine MRSD-Kultur von *Lb. acidophilus* analog Abschnitt 5.6.1.2 hergestellt. Mit dieser wurde ein Durum-Teig hergestellt, bei dem der Mehlkomponente 5 %ig Ascorbinsäure zugeführt wurde ($\triangleq$ 1,67 $g_{Ascorbinsäure}$/100 g_{Teig}). Nach der Extrusion wurde ein Teil der Pellets, wie im vorherigen Abschnitt beschrieben (5.6.1.2), auf das Absterbeverhalten der Bakterien bei wiederholten Extrusionen untersucht (Abb. 22). Der restliche Teil der Pellets wurde für 3 h bei 30°C im Umluftofen getrocknet. Die getrockneten Granulate wurden dann bei einer rel. LF von 11,3 % und 37°C gelagert. Während der Trocknung kam es zu einer deutlichen Abnahme der Lebendzellkonzentration von 64 %. Weiter zeigte sich, dass es bereits innerhalb der ersten 4 Tage Lagerung zu einer Abnahme der KBE/g von über 97,8 % bzw. nach 7 Tagen von 99,3 % kam, was deutlich über den Verlusten bisheriger Lagerstudien lag (siehe auch Anhang 13, Abb. A 9).

Da es bislang keine eindeutigen Erklärungsansätze für die inaktivierende Wirkung einer Ascorbinsäurebeimischung gab, sollte dies im folgenden Experiment näher untersucht werden.

Variation des pH-Wertes

Durch die Verstoffwechselung von Glukose zu Milchsäure kommt es innerhalb der MRSD-Kulturen zur stetigen Ansäuerung, was nach 16 h Wachstum in einem pH-Wert von ca. 4 resultiert. Voruntersuchungen ergaben, dass diese vorherrschenden Bedingungen im gekühlten Zustand zu keiner merklichen Schädigung der Zellen führt (5.4.1). Wird die bereits saure Brühe allerdings in Kombination mit den hier verwendeten hohen Konzentrationen von Ascorbinsäure verwendet, so ist davon auszugehen, dass das Milieu im Teig deutlich saurer ist. Dem nachgehend sollte untersucht werden, ob ein Zusammenhang zwischen einer gezielten Übersäuerung des Teiges und einer erhöhten Absterberate während der Prozessierung besteht. Dazu wurde der Einfluss unterschiedlicher pH-Werte der Kulturbrühe sowie einer Ansäuerung des Teiges mittels Ascorbinsäure untersucht.

Es wurde eine MRSD-Kultur hergestellt und zu je 50 ml auf drei Zentrifugenröhrchen verteilt und bei 4°C zwischengelagert. Vor dem jeweiligem Experiment wurde das Röhrchen für 10 min bei 6000 $x\,g$ (4°C) zentrifugiert und:

a) der Überstand mit derselben Menge an frischen MRSD (pH 6,1) ersetzt.

b) der Überstand beibehalten, so dass die Probe als Referenz mit einem sauren pH-Wert (pH = 4,3) diente.

c) der Überstand beibehalten und dem Durum Hartweizenmehl bei der Teigherstellung zusätzlich 1 %ig Ascorbinsäure zugeführt ($\triangleq$ 0,34 $g_{Ascorbinsäure}$/100 g_{Teig}).

Die drei verschiedenen Durum-Teige wurden jeweils extrudiert und ca. die Hälfte der Pellets ein zweites Mal extrudiert (4.7.2). Die andere Hälfte der Ansätze b) und c) wurde zusätzlich für 22 h getrocknet und bei 4 und 37°C (rel. LF 11,3 %) gelagert.

Ein Teil der getrockneten Referenzprobe b) wurde bereits nach 3 h aus dem Umluftofen entnommen, so dass der Einfluss unterschiedlicher Trocknungszeiten (bzw. der daraus resultierenden RF) mituntersucht wurde.

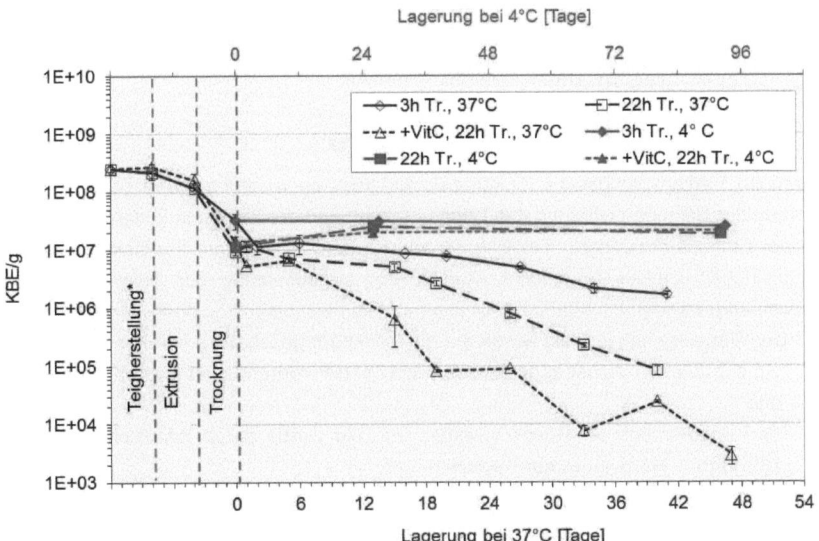

Abb. 23: Einfluss von 0,34%iger (g/g_{Teig}) VitC-Zugabe sowie unterschiedlicher Trocknungszeiten während der Prozessierung und Lagerung von extrudierten *Lb. acidophilus* Präparaten.
Der Teig wurde jeweils aus einer MRSD-Kulturbrühe und Durum mit einer kalkulierten Restfeuchte von ca. 37,8 % hergestellt. Die Lagerung erfolgte bei 4 und 37°C und einer rel. LF von 11,3 %. Die Restfeuchten betrugen nach der Trocknung (Tr.) bei 30°C im Umluftofen für 3 h 7,9 % und nach 22 h jeweils 6,9 %. *Werte berücksichtigen die Verdünnung während der Teigherstellung und beziehen sich auf $g_{(Granulat)}$.

Auffälligerweise blieb in allen drei Ansätzen eine signifikante Abnahme der Lebendzellkonzentration während der Teigherstellung aus (vgl. Anhang 16 und Anhang 13, Abb. A 9). Die mittleren Abnahmen der KBE/g während des jeweils wiederholten Extrusionsprozesses betrugen 47,1 % (pH 4,3; ohne VitC), 43,2 % (pH 6,1; ohne VitC) und 44,1 % (pH 4,3 %; mit VitC), und zeigten somit ebenfalls keine deutlichen Unterschiede zwischen den drei Ansätzen auf. Die zusammenfassende Darstellung des Gesamtprozesses inklusive Lagerversuch für die Ansätze b) und c) ist in Abb. 23 dargestellt.

Betrachtet man die Abnahmen der KBE/g in den gelagerten Granulaten bei 37°C, so fällt auf, dass sowohl für die 3 h getrocknete Probe (blaue Raute), als auch für die 22 h getrocknete und mit VitC versetzte Probe (blaues Dreieck), eine steile Abnahme während der ersten Tage stattgefunden hat. Nach 6 Tagen war die jeweilige Lebendkonzentration allerdings erneut angestiegen. Darauf folgend waren einheitlichere Abnahmen während der Lagerung zu erkennen. Dabei konnten mit zunehmender Lagerzeit größere Unterschiede bzgl. der Lagerstabilität der unterschiedlichen Proben erkannt werden. Zumindest für eine längere Lagerung, in diesem Fall über 30 Tage bei 37°C, ist die Reihenfolge abnehmender Stabilität der Ansätze: 3 h Tr. ($\triangleq$ RF = 7,9 %) > 22 h Tr. ($\triangleq$ RF = 6,9 %) > mit VitC, 22 h Tr. ($\triangleq$ RF = 6,9 %).

Betrachtet man die bei 4°C gelagerten Proben, so wird ersichtlich, dass es in den für 22 h getrockneten Präparaten (grünes Quadrat und Dreieck) zu einem Anstieg der KBE/g innerhalb der ersten 26 Tage kam und diese Konzentration bis zu 93 Tage annähernd konstant blieb. Die erhöhten KBE/g betrugen 221 % (ohne VitC; Tag 26) und 154 % (mit VitC; Tag 93) der jeweiligen Startkonzentration der Lagerung. Dagegen zeigte die für 3 h getrocknete Probe (grüne Raute), welche zum Start der Lagerung (aufgrund geringerer Verluste bei der Trocknung) höhere KBE/g enthielt, keine Zunahme der KBE/g.

5.6.1.4. Erniedrigung der Teigviskosität

Wiederholte Verkapselungsexperimente zeigten, dass es zu einem mehr oder weniger starken Absterben der Bakterien während der Teigherstellung und der Extrusion kommt. Dem nachgehend sollte der Einfluss erniedrigter Teigviskositäten auf die Absterberate der Bakterien während des Verkapselungsprozesses untersucht werden. Zur Herabsetzung der Teigviskosität wurden 2 Verfahren angewendet:

1. Der Wassergehalt im Teig wurde auf ein Maximum gesetzt, d.h. ein Feuchtegehalt, bei dem die extrudierten Teigstränge gerade noch mit der vorhandenen Apparatur schneidbar sind, und
2. Die Konzentration des Klebereiweißes im Teig wurde durch Beimischung nativer Stärke zum Durum Hartweizenmehl reduziert.

In Vorversuchen wurde ermittelt, dass ein Mengenverhältnis von 40,1 % MRSD-Kulturbrühe : 36,6 % Stärke : 23,3 % Durum zu einem gerade noch schneidbaren Teig mit einer RF von 43,9 % führt. Für das Experiment wurde der beschriebene Teig mit einer routinemäßig verwendeten MRSD-Kultur (16 h, 37°C, Standkultur) hergestellt und wie in 4.7.2 beschrieben insgesamt 4 Mal extrudiert. Ein Teil der Pellets wurde nach dem ersten Extrusionslauf entnommen und für 3 und 22 h bei 30°C im Umluftofen getrocknet. Anschließend wurden die getrockneten Pellets bei 4 und 37°C (rel. LF: 11,3 %) gelagert.

Der Einfluss der wiederholten Extrusionen auf die Lebendzellkonzentration ist in Abb. 24 dargestellt. Die Lebendzellkonzentration nahm während der Teigherstellung um 24,6 % und während der Extrusionen um durchschnittlich 25,9 % ab (siehe auch Anhang 14 und Anhang 17). Die in diesem Prozess erhalten Überlebensrate von durchschnittlich 74 % während der Extrusion war die bis dahin höchste, die für die Verkapselung von flüssigen Kulturen erzielt wurde.

In Abb. 25 ist die Übersicht über den gesamten Verkapselungsprozess sowie der anschließenden Lagerung dargestellt. Es kam während der Trocknung zu sehr hohen Verlusten der KBE/g, die nach 3 h Trocknung 91,5 % und nach 22 h 98,1 % der Startkonzentration betrugen. Während der anschließenden Lagerung konnten für die 37°C gelagerten Proben innerhalb der ersten 5 Tage (grüne Abszisse), für die bei 4°C gelagerten Proben innerhalb der ersten 17 Tage (blaue Abszisse), die deutlichsten Unterschiede festgestellt werden. Auffällig war, dass es in der für 3 h getrockneten Proben (RF: 7,2 %) nach 5 Tagen 37°C-Lagerung zu einer verhältnismäßig starken Abnahme kam, so dass sich Unterschiede in der KBE/g der für 22 h getrockneten Probe anglichen. Während der weiteren 37°C-Lagerung kam es zu stetigen Abnahmen, wobei kein deutlicher Unterschied zwischen den unterschiedlich lang getrockneten Proben festgestellt werden konnte.

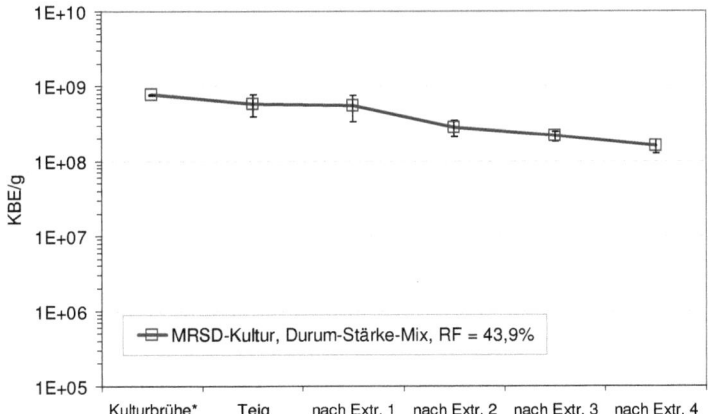

Abb. 24: Einfluss des Verkapselungsprozesses und wiederholter Extrusionen auf die Lebendzellkonzentration von *Lb. acidophilus*.
Die MRSD-Kultur wurde in einen Durum-Stärke-Teig mit sehr hoher RF von 43,9 % immobilisiert. Daten sind das Mittel einer Dreifachbestimmung ± SA.

Bei der 4°C-Lagerung kam es wiederholt zu dem Effekt, dass es in der für 22 h getrockneten Probe zu einem Anstieg der KBE/g kam, so dass das Präparat innerhalb der ersten 17 Tage eine Lebendkonzentration von 295 % der Startkonzentration erreichte. Während der weiteren 4°C-Lagerung behielten beide Probentypen für die nächsten 115 Tage stabile KBE/g.

Ergebnisse

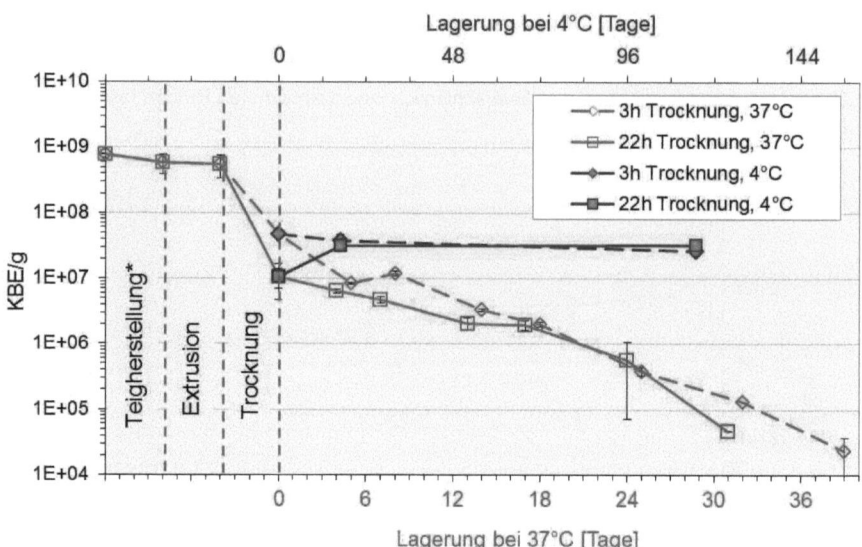

Abb. 25: Einfluss der Immobilisierung, unterschiedlicher Trocknungszeiten und der Lagerung bei 4 und 37°C von Lb. acidophilus Präparaten.
Die Teigherstellung erfolgte mit einer MRSD-Kultur und Durum mit einem Restwassergehalt von 43,9 %. Die RF betrugen nach der 30°C-Trocknung im Umluftofen für 3 h 7,2 % und nach 22 h jeweils 5,9 %. Analysen während der Verarbeitung wurden in Dreifachbestimmung, während der Lagerung in Zweifachbestimmung durchgeführt und sind als Mittelwert ± SA bzw. ± MA angegeben. *Werte berücksichtigen die Verdünnung während der Teigherstellung und beziehen sich auf $g_{(Granulat)}$.

5.6.1.5. Vorbehandlung mit Glycerol und Kokosfett

Einfluss auf den Verkapselungsprozess und die Lagerung

In der folgenden Versuchsserie sollten zwei Formen der Bakterienvorbehandlung auf dessen Effekt die Zellen bei der weiteren Prozessierung zu schützen untersucht werden. Dabei wurde 1. eine Vorinkubation der Zellen in konzentriertem Glycerol, und 2. eine darauf folgende Mischung des Glycerol-Bakterienkonzentrat-Mix in verflüssigtes Kokosfett, untersucht. Diese Vorbehandlungen könnten auf unterschiedliche Weise wirken. So könnte es durch die Vorinkubation der Zellen in Glycerol zu einer erhöhten Aufnahme des kompatiblen Solutes, verbunden mit einer Schutzwirkung, kommen. Durch die Verwendung eines Fettes, dessen Schmelztemperatur oberhalb der im Prozess herrschenden aber unterhalb einer zellinaktivierenden Temperatur liegt (z.B. das hier verwendete Kokosfett Palmin mit einer Schmelztemperatur von 18 - 23°C [Fiebig, 2011]), können die Zellen nach Erhärtung des Fettes vorverkapselt werden. Die Beimischung von Glycerol und Fett führt zudem zu Verbesserungen der Teigeigenschaften, wie bspw. dem Fließverhalten, bei gleichzeitiger Reduktion des Wasseranteils. 500 ml einer MRSD-Kultur von *Lb. acidophilus* wurden nach 16 h auf ca. 4°C abgekühlt und anschließend zentrifugiert (10 min, 5000 x g, 4°C). Der Überstand wurde verworfen und das Zellpellet mit der zehnfachen Menge an Glycerol gemischt. Nach 20minütiger Inkubation bei Raumtemperatur wurde das Glycerol-Bakterien-Gemisch mit der doppelten Menge einer temperierten (~30°C) flüssigen Kokosfettlösung (Palmin®) versetzt und mit einem elektrischen Handkneter zu einer viskosen aber noch flüssigen Masse gemischt. Von diesem Mix wurde eine definierte Menge in ein Mischgefäß gegeben und unter Kneten langsam Durum-Mehl zugegeben, bis vollständig einheitliche Teigkrümel vorhanden waren. Diese wurden anschließend unter Kneten mit Wasser versetzt, so dass ein (*für die Extrusion*) noch fließfähiger Teig (RF: 25,7 %) erzeugt wurde. Die endgültigen Gehalte an Glycerol und Fett waren 7 % und 14 %, bezogen auf das Trockengewicht des Teiges. Während allen Verarbeitungsphasen wurden exakte Gewichte notiert, so dass alle Verdünnungen und Aufkonzentrierungen der Bakterien nachvollzogen werden konnten.

Der hergestellte Teig wurde extrudiert und ein Teil der Pellets für insgesamt 3 h bei 35 °C getrocknet. Nach 1, 2 und 3 h Trocknung wurden Proben entnommen und jeweils bei 4, 26 und 37°C und einer rel. LF von 11,3 % gelagert. Nach der Extrusion wurde der andere Teil der Pellets erneut extrudiert, so dass der Effekt der Extrusion ein weiteres Mal bewertet werden konnte. Das Experiment wurde zudem an einem anderen Versuchstag wiederholt, mit dem einzigen Unterschied, dass dem Gemisch aus Glycerol, Bakterien und Fett noch 5 % (w/w$_{Gemisch}$) Lecithin als Emulgator zugegeben wurde.

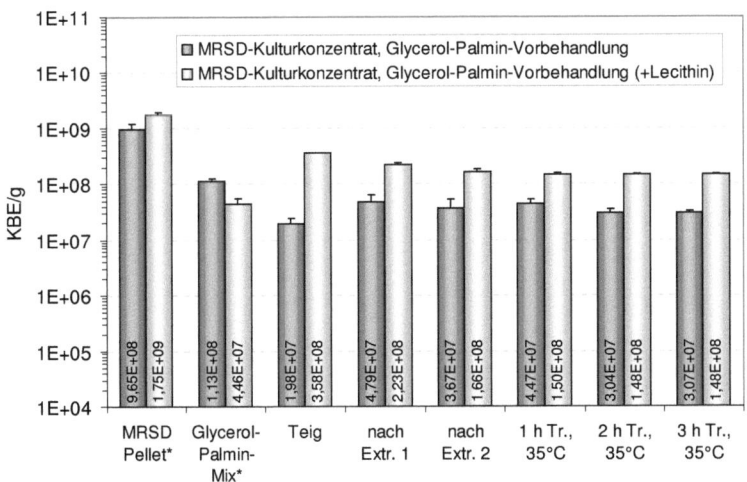

Abb. 26: Einfluss der unterschiedlichen Prozessschritte auf die Viabilität von mit Glycerol und Kokosnussöl vorbehandelten *Lb. acidophilus*.
Das Bakterienkonzentrat wurde aus einer MRSD-Kultur hergestellt und nach Vorbehandlung in einer Durum-Matrix verkapselt (RF$_{kalkuliert}$: 25,8 %).*Werte berücksichtigen die Verdünnung während der Teigherstellung und beziehen sich auf g$_{(Granulat)}$.

Die Lebendzellkonzentrationen von beiden Versuchen während der einzelnen Prozessschritte sind in Abb. 26 dargestellt. Es ist ersichtlich, dass die Lebendzellkonzentration in dem Glycerol-Palmin-Mix mit 1 - 1,5 Log-Einheiten in beiden Experimenten deutlich abnahm. Dabei ist auffällig, dass die KBE/g im Glycerol-Palmin-Mix des ersten Experiments (grüner Balken) sowie die KBE/g im Teig des zweiten Experiments (orange Balken) jeweils unter der Konzentration der vom Prozessverlauf folgenden Probe lag. Im Nachhinein kann nicht geklärt werden, ob ein methodischer Fehler, bspw.

Ergebnisse

eine nicht repräsentative Probenahme, verantwortlich war.

Dem Verlauf der KBE/g nach der Teigherstellung kann entnommen werden, dass die Lebendzellkonzentration sowohl während der wiederholten Extrusion als auch während der dreistündigen Trocknung sehr stabil war. Die Überlebensraten während der Trocknung betrugen dabei zwischen 64 und 66 %, was die bis dahin höchsten während der Trocknung von Extrudaten waren (vgl. Anhang 16).

In Abb. 27 sind die Ergebnisse der Lagerungsversuche des ersten Experiments (*ohne Lecithin*) dargestellt. Wie angegeben betrugen die Restfeuchten der Lagerproben zwischen 10,28 und 6,44 %. Nach Kalkulation der dezimalen Reduktionszeiten ergeben sich folgende Werte:

$D_{26°C}(10,28\%) = 599 \pm 188$ h; $D_{26°C}(7,34\%) = 1366 \pm 172$ h; $D_{26°C}(6,44\%) = 1239 \pm 409$ h; $D_{37°C}(10,28\%) = 196 \pm 38$ h; $D_{37°C}(7,34\%) = 380 \pm 53$ h; $D_{37°C}(6,44\%) = 384 \pm 84$ h

Wie aus den Werten entnommen werden kann, bestehen Stabilitätsunterschiede zwischen den Proben mit einer RF von 10,28 % und 7,34 %, nicht jedoch zwischen denen mit 7,34 % und 6,44 %. Für die bei 4°C gelagerten Proben ist ersichtlich, dass es zu keiner Abnahme, teilweise sogar zu einer leichten Zunahme der Lebendzellkonzentration während der sechzigtägigen Lagerung kam.

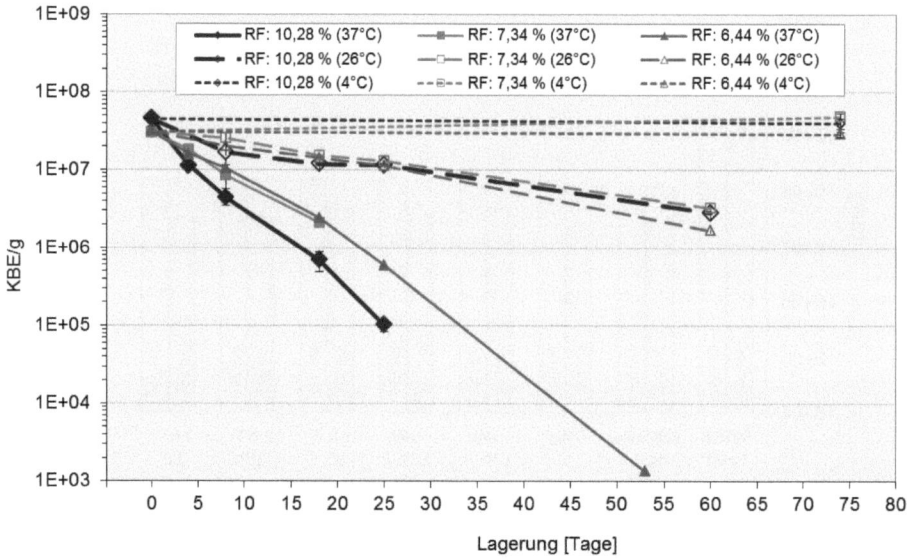

Abb. 27: Abnahme der Lebendzellkonzentration während der Lagerung von mit Glycerol und Kokosnussfett vorbehandelten und verkapselten *Lb. acidophilus* Präparaten in trockener Form.
Das MRSD-Zellkonzentrat wurde mit Glycerol und Kokosnussfett vorbehandelt und in eine Durum Matrix immobilisiert ($RF_{kalkuliert}$: 28,7 %). Um die notwendige Trocknungszeit bzw. den notwendigen Trocknungsgrad der Extrudate zu bewerten, wurden diese für 1, 2 und 3 h bei 35°C im Umluftofen zu einer jeweiligen RF von 10,28 %, 7,34 % und 6,44 % getrocknet. Die Granulate wurden bei 26 und 37°C gelagert (rel. LF: 11,3 %). Daten sind das Mittel einer Doppelbestimmung ± MA. Bei den 37°C gelagerten Proben war die Menge an Probenmaterial nach 18 Tagen (RF: 7,34 %) bzw. 25 Tagen (RF: 10,28 %) erschöpft. *Werte berücksichtigen die Verdünnung während der Teigherstellung und beziehen sich auf $g_{(Granulat)}$.

Einfluss der Zellmorphologie

Mehrere Versuche konnten zeigen, dass *Lb. acidophilus* unterschiedliche Toleranzen gegenüber Prozessierungen wie dem Einfrieren, der Gefriertrocknung und der anschließenden Lagerung aufweist, wenn das Bakterium in Nährmedien kultiviert wurde, in dem tendenziell lange (GEM) bzw. kurze (MRSD) Stäbchen generiert werden. Im Folgenden sollte überprüft werden, ob diese Stabilitätseigenschaften auf die Prozesse während der Verkapselung übertragbar sind.
Dazu wurde sowohl eine MRSD- als auch GEM-Kultur hergestellt (16 h, 37°C, Standkultur) und jeweils auf 4°C abgekühlt. Die jeweiligen Kulturen wurden wie im vorherigen Experiment beschrieben zunächst mit Glycerol, anschließend mit Palmin (inkl. Lecithin als Emulgator) inkubiert. Die Bedingungen sowie Mengenverhältnisse des vorherigen Experiments wurden eingehalten. Ausgehend von den jeweiligen Teigproben sind die Lebendzellkonzentrationen beider Kulturen während der Verkapselung und Lagerung in Abb. 28 dargestellt. Vergleicht man die Überlebensrate der MRSD-Kultur während der Extrusion von 30,5 % mit der aus dem vorherigen Experiment (in Abb. 26 beträgt die Überlebensrate der mit Lecithin versetzen Probe durchschnittlich 68,3 %), so ist diese hier deutlich höher. Die Überlebensrate nach der Trocknung ist vergleichbar mit dem vorherigen Experiment (58,7 % gegenüber den Überlebensrate von 64,1 - 66,3 % in Abb. 26; siehe auch Anhang 16).

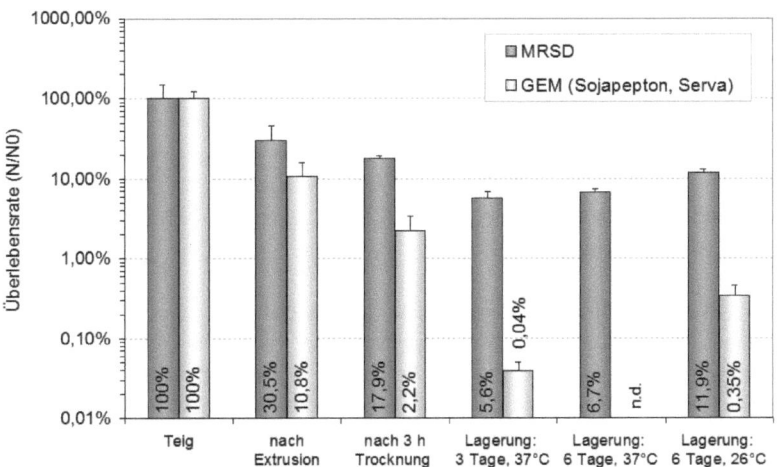

Abb. 28: Direkter Vergleich der Bakterienstabilität von mit Glycerol und Fett vorbehandelter GEM- und MRSD-Kulturen während der Verkapselung und Lagerung.
Lb. acidophilus wurde in MRSD und GEM kultiviert (16 h, 37°C, Standkultur), was zu tendenziell kurzen und langen Zellen führt. Die prozentualen Angaben beziehen sich auf die Lebendzellkonzentration im Teig. Nach 6 Tagen 37°C-Lagerung des GEM Präparates fiel die Lebendzellkonzentration unter die Nachweisgrenze von 100 KBE/g. Die Analysen während der Verarbeitung wurden in Dreifachbestimmung, während der Lagerung in Zweifachbestimmung durchgeführt und sind als Mittelwert ± SA bzw. ± MA angegeben.

Wird der direkte Vergleich der MRSD- mit der GEM-Kultur erstellt, so ist deutlich, dass es sowohl während der Extrusion, der Trocknung als auch der anschließenden Lagerung bei 26 und 37°C zu jeweils deutlich höheren Absterberaten in der GEM-Kultur kommt. Betrachtet man die Lagerung der Präparate isoliert, so stehen dezimale Reduktionszeiten von $D_{37°C,MRSD}$ = 211 ± 106 h und von $D_{26°C,MRSD}$ = 852 ± 213 h gegenüber $D_{37°C,GEM}$ = 41 ± 3 h und $D_{26°C,GEM}$ = 178 ± 32 h. Anders ausgedrückt war die Abnahme der Lebendzellkonzentration um den Faktor 5,2 bei 37°C, und 4,8 bei 26°C Lagertemperatur für die MRSD-Präparate verlangsamt.

5.6.2. Verkapselung von gefriergetrockneten *Lb. acidophilus* Präparaten

In den kommenden Experimenten sollte untersucht werden, ob sich die Toleranzen von gefriergetrockneten gegenüber flüssigen *Lb. acidophilus*-Präparationen bei der Verkapselung unterscheiden.

5.6.2.1. Herstellung und Lagerung

Es wurde *Lb. acidophilus* in MRSD kultiviert (16 h, 37°C, Standkultur), der Überstand mit LyoA ersetzt (siehe 4.6) und das flüssige Präparat für 48 h zu 200 ml in geeigneten Aluschalen gefriergetrocknet. Das Lyophilisat wurde anschließend wie in 4.7.2 beschrieben gemörsert und in einem definierten Verhältnis mit Durummehl vermischt. Für die Teigherstellung wurden zwei unterschiedliche Vorgehensweisen untersucht:
Methode a) Vorlage von Wasser in das Mischgefäß und langsame Zugabe des Durum-Lyophilisat-Gemisches unter Kneten.
Methode b) Vorlage des Durum-Lyophilisat-Gemisches in das Mischgefäß und langsame Zugabe von Wasser unter Kneten.
Die einheitlich krümeligen Teige wurden extrudiert und für 3 h bei 30°C im Umluftofen getrocknet. Anschließend wurden die Proben bei 4, 26 und 37°C (bei 37°C nur die nach a) hergestellte Probe) und einer rel. LF von 11,3 % gelagert.

In Abb. 29 ist die Viabilität von *Lb. acidophilus* für die gesamte Prozessierung dargestellt. Betrachtet man die Proben ab der Teigpräparation, so wird ersichtlich, dass die Lebendzellkonzentrationen in den Proben für beide Herstellungsverfahren vergleichbare Überlebensraten aufzeigen. Die Abnahme der Lebendzellkonzentration während der Lagerung ist für alle Lagertemperaturen im Verhältnis zu Extrudaten aus anderen Experimenten, die unter identischen Bedingungen gelagert wurden, beschleunigt (vgl. Abb. 21, Abb. 27). So ergibt sich für beide Proben ein durchschnittlicher $D_{26°C}$-Wert von 624 ± 250 h, welcher deutlich unter denen vergleichbarer Lagerstudien liegt (vgl. Abb. 27).

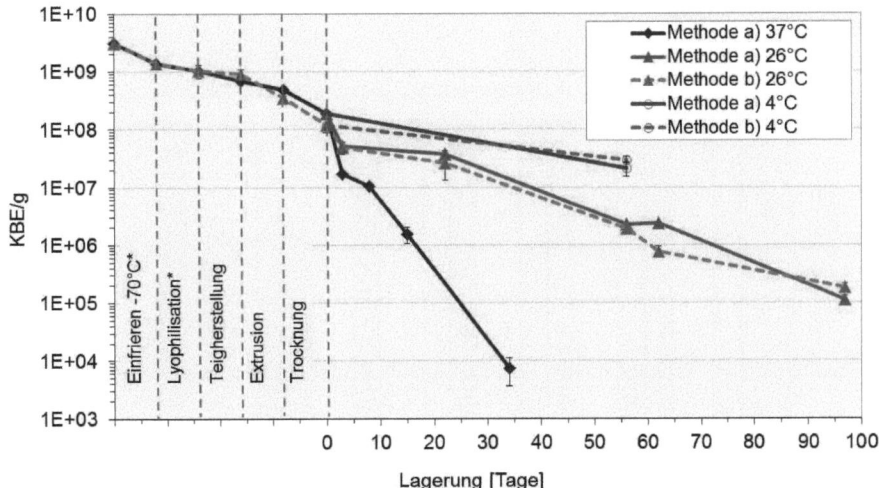

Abb. 29: Einfluss modifizierter Teigherstellungsverfahren auf die Abnahme der Lebendzellkonzentration während der Teigherstellung, Extrusion und Trocknung von Lyophilisaten.
Die Lyophilisate wurden aus einer MRSD-Kultur und LyoA als Schutzmatrix hergestellt. Analysen während der Verarbeitung wurden in Dreifachbestimmung, während der Lagerung in Zweifachbestimmung durchgeführt und sind als Mittelwert ± SA bzw. ± MA angegeben. *Werte berücksichtigen die Verdünnung während der Teigherstellung und beziehen sich auf $g_{(Granulat)}$.

5.6.2.2. Vorbehandlung mit Glycerol und Fett

Es sollte überprüft werden, welchen Einfluss die unter 5.6.1.5 beschriebenen Vorbehandlungen auf die Stabilität der Lebendzellkonzentration von einem lyophilisierten *Lb. acidophilus* Präparat hat. Dazu wurden zwei Verkapselungsexperimente durchgeführt, in denen die hergestellten Teige konstante Glycerol- und Fettgehalte (auf Trockenbasis) hatten, sich aber im Wassergehalt unterschieden.

Es wurde analog 5.6.2.1 ein gefriergetrocknetes *Lb. acidophilus* Präparat hergestellt und dieses fein gemörsert. Das pulverförmige Bakterienlyophilisat wurde anschließend mit der doppelten Menge an Glycerol vermischt und für 30 min bei 4°C inkubiert. Anschließend wurde das Gemisch mit einer definierten Menge an Durummehl vorgeknetet, so dass einheitlich trockene Krümel entstanden. Im Falle des ersten Experiments wurde durch Zugabe von Wasser ein homogener Teig geknetet der eine RF von 24,3 % enthielt, im zweiten Experiment enthielt der Teig eine RF von 32,7 %. In beiden Experimenten war der im Teig enthaltene und auf die Trockenmasse bezogene Anteil an Glycerol 7 % und an Fett 14 %. In beiden Teigen wurden der Einfluss einer wiederholten Extrusion (siehe 4.7.1) untersucht. Ein Teil der Extrudate mit einer RF von 24,3 % wurde zudem nach der ersten Extrusion für 3 h im Umluftofen bei 35°C getrocknet und analysiert.

Ergebnisse

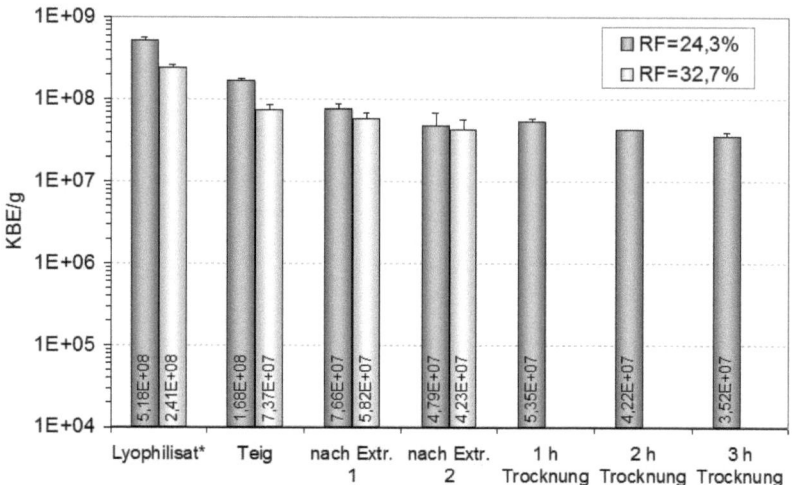

Abb. 30: Einfluss des Extrusionsprozesses während der Verkapselung von mit Glycerol und Fett vorbehandelten *Lb. acidophilus* Lyophilisaten bei unterschiedlichen Wassergehalten sowie der anschließenden Trocknung.
Für beide Experimente wurden MRSD-Kulturen, welche in LyoA gefriergetrocknet wurden, verwendet. Die Lyophilisate wurden vorab mit Glycerol und verflüssigtem Kokosnussfett vorbehandelt und dann mit Durum und zusätzlichen Wasser ein Teig hergestellt. Als Probenbezeichnung sind die im Teig gemessenen RF angegeben. Die Proben mit einer RF von 24,3 % wurden zusätzlich für insgesamt 3 h bei 35°C im Umluftofen getrocknet. Ein Teil der nach der ersten Extrusion aufgefangenen Pellets wurde zusätzlich für einen zweiten Extrusionslauf verwendet. Analysen wurden in Dreifachbestimmung durchgeführt und sind als Mittelwert ± SA angegeben. *Werte berücksichtigen die Verdünnung während der Teigherstellung und beziehen sich auf $g_{(Granulat)}$.

Die Ergebnisse beider Experimente sind in Abb. 30 dargestellt. In beiden Versuchsansätzen kommt es während der Teigherstellung zu Verlusten der KBE/g um 69 %. Ausgehend vom Teig kommt es während der Extrusion in der feuchteren Proben ($RF_{gemessen}$: 37,7 %), mit einer Absterberate von durchschnittlich 24,2 %, zu reduzierten Verlusten verglichen mit der trockeneren Probe ($RF_{gemessen}$: 24,3 %). Der Verlust während der Trocknung war mit 54 % leicht unter dem, der für verkapselte Lyophilisate ohne Vorbehandlung ermittelt wurde (62 – 66 %; vgl. Anhang 16).

5.6.3. Isolierte Betrachtung der Glycerol- und Kokosfett-Behandlung

In den Verkapselungsexperimenten, in denen die Bakterien als Teil der Teigherstellung mit Glycerol und Kokosfett vorbehandelt wurden, kam es zu erhöhten Verlusten der Lebendzellkonzentration während der Teigherstellung (vgl. Anhang 16). Diesem Phänomen nachgehend sollte der Einfluss der Inkubation dieser beiden Substanzen genauer betrachtet werden. Dazu sollte Zellkonzentrat in konzentriertem als auch verdünntem Glycerol sowie Palmin inkubiert werden. Käme es in den konzentrierten Behandlungen zu erhöhten Abnahmen, so wäre das ein Hinweis dafür, dass diese mit einem erhöhten osmotischen Stress in Verbindung stehen.
Es wurde eine *Lb. acidophilus*-Kultur (MRSD, 16 h, 37°C) nach Kühlung auf 4°C zentrifugiert (10 min, 5000 x g, 4°C) und anschließend so viel Überstand abdekantiert, dass ein noch

pipettierfähiges Zellkonzentrat übrig blieb. Dieses wurde gemischt und zu je 1 ml auf mehrere Röhrchen aufgeteilt. Anschließend wurden 9 ml von a) einer 0,85 %igen NaCl-Lösung, b) auf 30°C temperiertes Palmin®, c) einem 1:1 Mix aus Palmin® und NaCl-Lösung, d) Glycerol sowie e) einem 1:1 Mix aus Glycerol und NaCl-Lösung, zugegeben und für 15 min bei Raumtemperatur inkubiert. Anschließend wurden alle Ansätze zum Abbruch etwaigem osmotischen Stresses mit 0,85 %iger NaCl-Lösung verdünnt. Die verdünnten Ansätze wurden jeweils weiter verdünnt und in Dreifachbestimmung die KBE/ml bestimmt.

Die unterschiedlichen Zugaben haben eine Reduktion des a_W-Wertes in der Lösung zur Folge. Für die Glycerolzugabe lässt sich diese Erniedrigung anhand von Tabellenwerden vergleichen, so dass bei 20°C in der 45 %igen bzw. 90 %igen Glycerollösung ein a_W von etwa 0,84 bzw. 0,3 abgeschätzt werden kann [Chen und Mujumdar, 2008].

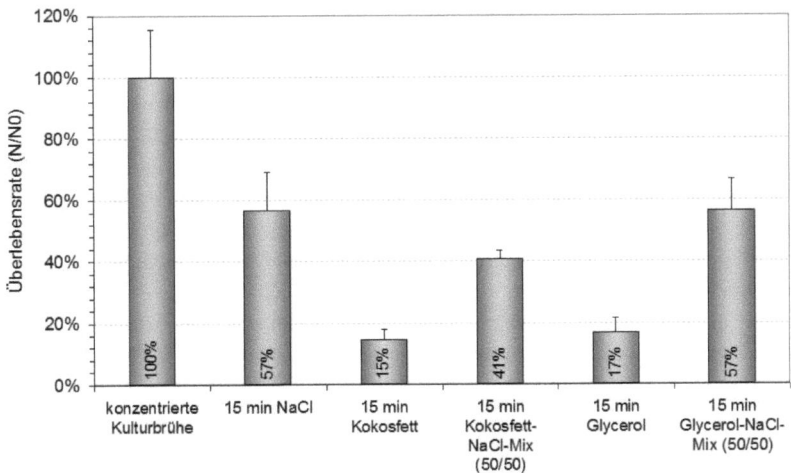

Abb. 31: Einfluss erhöhter Konzentrationen an Glycerol und Kokosfett auf die Viabilität von *Lb. acidophilus* nach 15minütiger Inkubation bei Raumtemperatur.

Die Ergebnisse der Lebendzellkonzentrationen sind in Abb. 31 dargestellt. Es ist ersichtlich, dass die Inkubation mit purem Fett und purem Glycerol zu deutlich höheren Absterberaten führte, als jeweils mit der verdünnten Lösung. Dennoch kann auch bei der Referenzprobe, welche nur mit NaCl-Lösung inkubiert wurde, eine Abnahme von 43 % beobachtet werden, welche im Bereich der beiden anderen verdünnten Proben liegt.

6. Diskussion

6.1. Optimierung der Kultivierung von Lb. acidophilus

Zur Vermeidung eventueller Limitierungen und in Anlehnung an die Tween 80 Konzentration im MRS-Medium wurde dem GEM standardmäßig 0,1 % Tween 80 zugegeben. Dabei konnte gezeigt werden, dass Tween 80 in der Konzentration von 0,05% (w/v) ein essentieller Wachstumsfaktor bei der Kultivierung von Lb. acidophilus ist und zur Steigerung der erzielten Zellkonzentration um den Faktor 10 führte. Es ist bekannt, dass die Anwesenheit von Tween 80 im Nährmedium zu einem erhöhten Einbau von Ölsäure ((Z)-9-Octadecensäure, C18:1 (ω-9)) in die Zellmembran von LAB führt [Johnsson et al., 1995; Partanen et al., 2001; Polacheck et al., 1966]. Zudem wird Ölsäure in vielen LAB zu der entsprechenden Cyclopropanfettsäure konvertiert, was zusätzlich zu einer Erhöhung der Membranfluidität führt [Endo et al., 2006; Smith und Norton, 1980]. Corcoran et al. (2007) konnten zudem eine deutlich höhere Toleranz gegenüber künstlicher Magensäure (pH 2,5) in Lb. rhamnosus feststellen, wenn während der Anzucht Tween 80 oder direkt Öl- oder Vaccensäure (11-Octadecensäure, C18:1 cis-11) im Medium vorhanden war. Ein Großteil der dadurch bis zu 55-fach höheren Ölsäurekonzentration in der Zellmembran wurde nach Säurebehandlung zur Strearinsäure (Octadecansäure, C18:0) reduziert. Die damit verbundene erhöhte Neutralisation von extrazellulär vorhandenem H^+ wurde als Mechanismus für die säurestabilisierende Wirkung von Tween 80 hypothetisiert. Auf diesem Wirkmechanismus basierend kann auch der wachstumsfördernde Effekt von Lb. acidophilus begründet werden, da es beim homofermentativen Stoffwechselweg zur fortlaufenden Sekretion von Milchsäure, verbunden mit einer Ansäuerung des Mediums, kommt. Bei Abwesenheit von Tween 80 stoppte das Wachstum von Lb. acidophilus bei einem pH-Wert von 4,5, während es bei Zugaben von 0,05 % zu einem Wachstum bis pH 3,9 kam. Es ist zu vermuten, dass die Menge von 0,05 % hinreichend war, um eine effektive Veränderung des Fettsäureprofils in der Membran zu bewirken, so dass darüber hinaus kein Einfluss auf die Zellkonzentration detektierbar war. Dies ist im Einklang mit Untersuchungen von [Møretrø et al., 1998], welche in 5 von 6 weiteren Lactobacillus Stämmen eine Abhängigkeit des Wachstums für Tween 80 in MRS Medium detektierten und bei denen Konzentrationen über 0,055% ebenfalls keine positive Wirkung hatten. [Sawatari et al., 2006] zeigten in 8 von 15 Lactobacillus Spezies und Subspezies eine Wachstumsabhängigkeit für Tween 80 in MRS Medium. Die genannten Arbeiten haben gemein, dass alle Effekte in angesäuerten Milieus detektiert wurden.

Untersuchungen, in denen das im GEM enthaltene Sojapepton mit 5 anderen Peptonen unterschiedlicher Fabrikate und Typen ersetzt wurde, zeigten eine deutliche Abhängigkeit auf die erzielbaren Gesamt- und Lebendzellkonzentrationen. Dabei waren 2 von 3 Sojapeptonen gänzlich ungeeignet für die Kultivierung von Lb. acidophilus (Abb. 5). Die besten Wachstumseigenschaften resultierten bei der Verwendung von Proteose Peptone No. 3, da mit diesem a) die höchsten Lebendzellkonzentrationen erreicht wurden, b) diese sich nicht wesentlich von der gemessenen Zellkonzentration unterschieden, d.h. kein Verlust an toten Zellen verzeichnet werden konnte und c) die Viabilität der Kultur über die 16 h hinaus bis zu 26 h konstant war, was einen technologischen Spielraum bzgl. des Erntezeitpunkt für die weitere Verarbeitung darstellt.

Weitere Experimente zeigten, dass Lb. acidophilus auch in vorgefertigten MRS-Medien von unterschiedlichen Herstellern sehr unterschiedliche Zellkonzentrationen erreicht. Diese Spanne konnte nach 16 h Kultivierung bis zu 1,5 Log-Einheiten betragen (Abb. 6). Die Ergebnisse verdeutlichen, wie notwendig eine stammspezifische Auswahl des Nährmediums für Lactobacillen ist. Bei sonst gleichen Konzentrationen können unterschiedliche Fabrikate bzw. unterschiedliche Qualitäten der komplexen Komponenten wie bspw. dem Pepton zu enormen Unterschieden der Zellausbeute führen.

Das uneingeschränkte Wachstum jeder einzelnen Zelle ist Voraussetzung dafür, dass die daraus entstandenen Kolonien mit der Lebendzellkonzentration gleichgesetzt werden können [Müller und Hildebrandt, 1989a; b]. Die in dieser Arbeit als geeignet (Fa. BD und Fa. Applichem) bzw. ungeeignet (Fa. Carl Roth) ermessenen MRS-Bouillons spiegeln dabei ausdrücklich die Bedürfnisse von *Lb. acidophilus* NCFM wieder. Während der Evaluierung wurde weiter bestätigt, dass die Inkubation der Agarplatten sowohl anaerob als auch aerob möglich ist, ohne dass Unterschiede in den KBE-Werten auftreten [Lima et al., 2009].

Mikroskopische Kontrollen der in unterschiedlichen Medien gewachsenen Kulturen offenbarten, dass die Bakterien erhebliche Unterschiede in der Morphologie, ausgehend von kleinen Stäbchen bis hin zu langen Filamenten, besaßen (Abb. 4, Abb. 12). Dem nachgehend wurden die Zellgrößen mit einem Partikelanalysegerät (Coulter Counter, Multisizer III) quantifiziert. Es zeigte sich, dass *Lb. acidophilus*, der in verschiedenen Medien bzw. Medienbestandteilen kultiviert wurde, neben unterschiedlichen Zellzahlen auch charakteristische Zellmorphologien aufwies. Da diesem Phänomen ein möglicher technologischer Belang zugeordnet wurde, sollte dieser Zusammenhang weiter untersucht werden.

6.2. Einfluss des Nährmediums auf die Zellmorphologie

Kulturen von *Lb. acidophilus* bildeten, abhängig vom Nährmedium, charakteristische Zellmorphologien aus. Da jeweils Kulturen aus der stationären Wachstumsphase analysiert wurden, kann ausgeschlossen werden, dass die aufgetretenen Unterschiede durch sich unterscheidende Wachstumsphasen (und damit verbundene unterschiedliche Teilungsraten) der Kulturen, welche die Zellgröße beeinflussen können, zurückzuführen sind.

Durch gezielte Auswahl unterschiedlicher Peptone im GEM konnte ermittelt werden, dass diese Komponente einen entscheidenden Einfluss auf die Zellmorphologie hat. Besonders hervorzuheben ist dabei Peptone No. 3, da die Anwesenheit sowohl im originalen MRSD als auch in GEM für die höchsten Zellzahlen bei gleichzeitig kleinsten Zellmorphologien führte. Betrachtet man die Kultivierungsversuche aller Nährmedien zusammenfassend (Abb. 6), so ist der Trend sichtbar, dass in Medien mit zunehmender Zellzahl die durchschnittliche Zellgröße abnimmt. Nachfolgend sollen in der Literatur vorhandene Erklärungsansätze, welche teilweise Grundlage hier durchgeführter Versuche waren, diskutiert werden.

Pleomorphie durch Nährstoffdefizit

Das Phänomen, das Bakterien in unterschiedlichen Gestalten vorkommen können, wird in der Bakteriologie als Pleomorphie (griechisch *pleion* = mehr, *morphe* = Gestalt) bezeichnet. Pleomorphie wurde bereits für unterschiedliche Lactobacillaceae beschrieben. Allen vorweg zeigten mehrere Untersuchungen mit *Lb. johnsonii* ATCC 11506 (früher bekannt unter *Lb. acidophilus* R-26) Abhängigkeiten zwischen dem Nährstoffangebot und einem abnormalen Längenwachstum [Jeener und Jeener, 1952; Siedler et al., 1957; Reich und Soska, 1973]. Eine

Filamentbildung wurde ebenfalls in Lb. leichmannii 313 bei Mangel an Vitamin B_{12} (0,02 ng/ml: Filamente; 0,5 ng/ml: Stäbchen) und Thymidin (0,5 mg/ml: Filamente; 5,0 mg/ml: Stäbchen) [Deibel et al., 1956] sowie Lb. delbrueckii No.1 (0,3 ng/ml: Filamente; 1 µg/ml: Stäbchen) [Kusaka und Kitahara, 1962] beschrieben. Beck und Levin (1963) demonstrierten ein abnormales Längenwachstum für die vier sonst stäbchenförmigen Lactobacillus Stämme Lb. leichmannii, Lb. lactis, Lb. acidophilus and Lb. delbrueckii bei Abwesenheit mindestens einer externen Desoxyribosidquelle und korrelierten dieses Phänomen mit jeweils erhöhten Aktivitäten an trans-N-Deoxyribosylase (EC 2.4.2.6). Dieses Enzym ist zentraler Bestandteil des Salvage-Pathways, einem Mechanismus der sich im Laufe der Evolution zur Verwertung von externen DNA-Bausteinen in dafür auxotrophen Bakterien entwickelt hat [Chawdhri et al., 1991; Kaminski, 2002; Kilstrup et al., 2005; Sawula et al., 1974].

Einfluss divalenter Kationen

Verschiedene Arbeiten zeigen, dass die Anwesenheit bestimmter zweiwertiger Ionen, wie Ca^{2+}, Mn^{2+} und Mg^{2+}, einen entscheidenden Einfluss auf die normale Ausbildung von Stäbchen in Bakterien hat [Kojima et al., 1970a; b; Webb, 1949; Wright und Klaenhammer, 1981; 1983a]. Die Arbeitgruppe um Todd Klaenhammer, welche seit mehreren Jahrzehnten den probiotischen Stamm Lb. acidophilus NCFM untersucht, beschrieb einen durch Calciumzugabe induzierten Wechsel der Zellmorphologie von filamentösen zu bacilloiden, stäbchenförmigen Zellen. Ein wesentlicher Aspekt der Arbeit war, dass erstmals auch unterschiedliche Eigenschaften der Zelltypen analysiert wurden. So konnte dargestellt werden, dass die kleineren, durch Calcium induzierten Zelltypen stabiler während des Einfrierens und der gefrorenen Lagerung bei -20°C waren [Wright und Klaenhammer, 1981]. Identische Untersuchungen mit den beiden morphologisch unterschiedlichen Lb. bulgaricus Stämmen 1243-O und F konnten ebenfalls erhöhte Stabilitäten während des Einfrierens sowie der Gefriertrocknung aufzeigen, wenn dem Nährmedium Ca^{2+} zugegeben wurde [Wright und Klaenhammer, 1983b]. Überaschenderweise konnte dabei aber kein Einfluss von Ca^{2+} auf die Zellmorphologie oder das Wachstum festgestellt werden, wodurch die Rolle des Ca^{2+} weiter offen blieb. Ein weiterer interessanter Vergleich aktueller Forschung ist der Arbeit von [Ferreira und Först, 2010] zu entnehmen. Die Autoren untersuchten während der pH-kontrollierten Fermentation von Lb. helveticus (WS 1032) den Einfluss unterschiedlicher pH-Korrekturmittel (NaOH, $Ca(OH)_2$, $NH_4(OH)$) sowie $CaCl_2$ auf die Biomassegewinnung und die Überlebensrate nach Vakuumtrocknung. Hintergrund des Forschungsgegenstandes war die Annahme, dass die Zellform von der Art der zudosierten Lauge sowie von der Kalziumkonzentration abhängt und dadurch wiederum die Trocknungsgeschwindigkeit und die Widerstandskraft gegen Trocknungsschäden beeinflusst wird. Dabei konnte in keiner der mit Ca^{2+} versetzten Kulturführungen eine Verbesserung der Biomassegewinnung noch der Überlebensrate nach anschließender Trocknung erzielt werden.

In hier durchgeführten Experimenten, in denen sowohl dem MRSD als auch GEM die divalenten Kationen einzeln oder zusammen zugegeben wurden, konnte kein Einfluss der erhöhten Ca^{2+}-Zugabe auf die Zellmorphologie festgestellt werden. Ebenfalls konnte kein Einfluss auf die Stabilität von Lb. acidophilus beim Gefrieren sowie anschließender gefrorener Lagerung detektiert werden, wenn GEM- oder MRSD-Kulturen mit den entsprechenden Calciumsalzen versetzt wurden (vgl. 5.1.5). Bei dem Vergleich zu den 1981 von Wright und Klaenhammer durchgeführten Experimenten muss erwähnt werden, dass in beiden Studien MRS Medien von Difco™ verwendet wurden, allerdings die jeweils beschriebene Zellmorphologie abweicht, da im MRSD hier kurze, damals lange Zellen von *Lb. acidophilus* NCFM, resultierten. Zum heutigen Zeitpunkt ist nicht nachvollziehbar, inwieweit qualitative Unterschiede der Medienrezeptur, des sonst gleichen Mediums des selben Fabrikats, bestehen. Dies ist ein allgemeines Problem von Komplexmedien. Auch wenn in dieser Arbeit mit dem GEM ein Medium mituntersucht wird, aus dem verlängerten Zelltypen resultieren, so kann doch nicht mit Sicherheit gedeutet werden, ob die zugrundeliegenden Mechanismen für das Längenwachstum den selben Ursprung haben.

Pleomorphie in *Lb. acidophilus* NCFM

Bezugnehmend auf die hier detektierten Einflüsse der unterschiedlichen Medien auf das Längenwachstum von *Lb. acidophilus* NCFM ist es am wahrscheinlichsten, dass die Basis in einem Nährstoffdefizit liegt. Young (2006) fasst zusammen, dass die häufigste Ursache für Bildung von Filamenten in Bakterien eine Nährstofflimitierung ist. Bspw. wird bei Nährstoffmangel die Ausbildung von Filamenten in unterschiedlichen Pseudomonaden [Shim und Yang, 1999; Steinberger et al., 2002], Clostridien [Webb, 1949; 1953] und in Streptococcen (*NDS, nutrient deficient streptococci*) [Bottone et al., 1995; Clark et al., 1983; Ruoff, 1991] beschrieben. Der Bildung längerer Zellen kann dabei am ehesten durch eine verringerte Zellteilungsrate oder Querwandbildung begründet sein, wobei zunächst offen ist, ob die Zelle durch die Umwelteinflüsse limitiert ist oder ob sie aktiv auf diese reagiert. Ein möglicher Nutzen eines Längenwachstums könnte in der erhöhten Aufnahmefläche für Nährstoffe bei gleichbleibendem Oberflächen-Volumen-Verhältnis liegen. Zudem könnte eine Filamentbildung die spezifische Kontaktfläche zu festen Oberflächen erhöhen, was einen Vorteil für adhärente Mikroorganismen darstellt [Steinberger et al., 2002]. In der medizinischen Mikrobiologie ist der Zusammenhang zwischen Pleomorphie und Adhärenz sehr gut untersucht, da viele potentiell krankeitsauslösende Bakterien (bspw. uropathogene *E. coli* (UPEC)) durch Filamentbildung erst pathogen werden [Justice et al., 2004; Justice et al., 2008; Mulvey et al., 1998]. Die Adhärenz von Bakterien an Epithelzellen ist ein komplexes Phänomen, welches von vielen Faktoren beeinflusst wird [Deepika et al., 2010; Greene und Klaenhammer, 1994; van Tassell und Miller, 2011]. Dabei wird die Besiedelung der Epithelzellen im menschlichen Darm häufig auch als Grundvoraussetzung für eine probiotische Wirkung genannt [Kirjavainen et al., 1998; Tuomola et al., 2001]. Die Tatsache, dass die Zellmorphologie die Adhärenz beeinflussen kann, lässt vor allem für probiotische Mikroorganismen die Schlussfolgerung zu, dass Veränderungen dieses Zellcharakteristikums nicht ignoriert werden dürfen.

Für die hier festgestellten Phänomene für *Lb. acidophilus* ist zu vermuten, dass es zu einer Beeinträchtig der Zellteilung, möglicherweise durch eine Störung der DNA-Synthese und/oder Querwandbildung, gekommen ist. Durch fortlaufenden Stoffwechsel könnte es zu dem beschriebenen Längenwachstum mit einer für das Nährmedium charakteristischen Zellmorphologie kommen.

Die Verwendung von Proteose Peptone No. 3 war Garant dafür, dass Zellen von *Lb. acidophilus* in hoher Zellkonzentration und geringen Zellvolumina gebildet wurden. Betrachtet man die Analysedaten ausgewählter Inhaltsstoffe des Herstellers (siehe Anhang 17), so fällt auf, dass das Pepton im Verhältnis zu anderen Peptonen hohe Konzentrationen an Hypoxhanthin (233 µg/g) und Thymidin (74 µg/g), beides potentielle Bausteine für die DNA-Synthese, besitzt [BD, 2006]. Allerdings ergaben Versuche in GEM, in denen durch separate Zugabe von Hypoxhanthin oder

Thymidin eine Erhöhung der Zellkonzentration sowie eine Reduktion des durchschnittlichen Zellvolumens angestrebt wurde, keinen Unterschied gegenüber einer Referenzkultur (Daten nicht dargestellt).

Hydrophobizität

Die Adhäsion von probiotischen Mikroorganismen an der Oberfläche von Darmepithelzellen ist das Resultat von unspezifischen und spezifischen Bindungen [Piette und Idziak, 1992; van Tassell und Miller, 2011]. Während die spezifischen Bindungen durch spezielle Oberflächenmoleküle bedingt sind, führen elektrostatische und hydrophobe Wechselwirkungen mit vergleichsweise geringerer Affinität zu unspezifischen Bindungen. Mehrere Autoren berichten über einen Zusammenhang zwischen dem hydrophoben Charakter der Zelloberfläche und der Adhärenz von Bakterien an der Mukosa [Ehrmann et al., 2002; Kos et al., 2003; Lichtenberger, 1995; Wadström et al., 1987].

Dem nachgehend wurden Zellen aus $MRSD_{(Pepton\ No.3)}$-, $GEM_{(Pepton\ No.3)}$- und $GEM_{(Sojapepton,\ Serva)}$- Kulturen auf ihre Hydrophobizität untersucht. Als Maß dafür wird die Eigenschaft von Zellen an der wässrigen Phasengrenze eines Hydrocarbons zu binden herangezogen [Rosenberg, 2006]. Es zeigte sich, dass *Lb. acidophilus* in allen drei Medien hohe Affinitäten (70 - 84 %) zur organischen Phasengrenze aufwies (Abb. 8). Dies stimmt mit anderen Studien in denen andere *Lb. acidophilus* Stämme ebenfalls mit über 73 % an der Hexadekan-Phasengrenze gebunden haben [Ocana et al., 1999], überein. Auffällig war jedoch, dass die Ergebnisse für die beiden GEM-Kulturen trotz unterschiedlicher Peptone nahezu identisch, die Werte der MRSD-Kultur aber um ca. 10 % geringer waren. Inwieweit solch eine Differenz der Hydrophobizität *in vivo* Einfluss auf die Adhärenz oder andere Zelleigenschaften hat, ist nicht abzuschätzen. Es kann allerdings geschlussfolgert werden, dass die Verwendung der beiden hier untersuchten Peptone keine Unterschiede der Hydrophobizität der Zelloberfläche bedingen.

Führt man die Thematik weiter aus, ist von Interesse, inwieweit die Herstellungs- und Verarbeitungsbedingungen von LAB dessen funktionalen (wie probiotischen) Eigenschaften beeinflussen. So zeigten Studien, dass die Adhärenzeigenschaften von LAB während der Fermentation durch das Nährmedium [Millsap et al., 1996], die Wachstumsbedingungen [Mattarelli et al., 1999; Shakirova et al., 2010] und Wachstumsphase [Deepika et al., 2009; Schar-Zammaretti et al., 2005] beeinflusst werden können. Tuomola et al. (2001) konnten deutliche Unterschiede der Adhärenz von *Lb. acidophilus* feststellen, welcher aus unterschiedliche Chargen von kommerziell erhältlichem Joghurt isoliert wurde und führten die Unterschiede auf den Herstellungsprozess zurück. Grzeskowiak et al. (2010) untersuchten 14 *Lb. rhamnosus* GG Stämme, davon 13 aus kommerziellen Produkten, und ermittelten signifikante Unterschiede in der Fähigkeit pathogene Mikroorganismen im menschlichem Darmodel zu verdrängen oder zu inhibieren. Mastromarino et al. (2002) konnten sogar darstellen, dass in 7 von 10 Lactobacillus Stämmen das Adhärenzverhalten an HeLa-Zellen nach der Gefriertrocknung deutlich (bis zu 90 %) reduziert war. Dabei wurden die veränderten Eigenschaften auf keine Veränderungen der Viabilität, sondern des metabolischen Zustands der Bakterien zurückgeführt.

6.3. Einfluss des Mediums auf die Zellmorphologie anderer *Lactobacillus* Stämme

Wachstumsstudien von insgesamt acht weiteren ausgewählten Lactobacillus-Stämmen zeigten eine deutliche Diversität hinsichtlich der erzielbaren Zellkonzentrationen und Zellgrößen (Abb. 8, Anhang 6).
Wird aufgrund der erzielten Zellkonzentrationen und der durchschnittlichen Zellgrößen (wobei ersteres schwerer gewichtet wird und eine kleine Zellgröße als technologisch vorteilhaft bewertet wird) jedem Stamm ein bevorzugtes Medien zugewiesen, so ergibt sich folgende Zuordnung:

MRSD$_{(Peptone No.3)}$:   *Lb. acidophilus* NCFM, *Lb. acidophilus* (0105), *Lb. casei* subsp. *rhamnosus* (ATCC7469), *Lb. rhamnosus* GG (ATCC 53103), *Lb. delbrueckii* subsp. *lactis* (Lb0901)

GEM$_{(Sojapepton, Serva)}$:   *Lb. johnsonii* LC1, *Lb. salivarius* subsp. *salivarius*, *Lb. delbrueckii* subsp. *bulgaricus* (ATCC 11842)

Magermilch (10 %ig): *Lb. delbrueckii* subsp. *lactis* (ATCC 4797)

Kein Stamm zeigte im GEM$_{(Peptone No.3)}$ die besten Wachstumseigenschaften. Aus den Ergebnissen wird ersichtlich, dass die hier erzielten Kenntnisse zur Kultivierung von *Lb. acidophilus* NCFM, aber auch die damit im Zusammenhang stehenden technologischen Eigenschaften, nicht ohne Weiteres auf andere Lactobacillen übertragen werden können und im jeweiligen Fall bestätigt werden müssen.

Weiter konnte ermittelt werden, dass alle untersuchten Stämme mehr oder weniger große Unterschiede bezüglich der Zellgröße bei Verwendung unterschiedlicher Medien aufweisen. Die Auswahl der untersuchten Lactobacillen erfolgte gezielt, da für mindestens 3 der 5 verschiedenen Spezies bereits das Phänomen unterschiedlich ausgeprägter Zellgrößen beschrieben wurde [Beck und Levin, 1963; Jeener und Jeener, 1952; Reich und Soska, 1973; Wright und Klaenhammer, 1981; 1983a; 1984]. Die Ergebnisse lassen zumindest für die industriell so bedeutende Familie der Lactobacillaceae die Schlussfolgerung zu, dass die Zellmorphologie bei der Etablierung des Nährmediums mit berücksichtigt werden sollte.

Weiterführend wäre es sogar denkbar, dieses Zellcharakteristikum zusätzlich zur Prozesskontrolle heranzuziehen, bspw. in Prozessen, in denen es zu einem dynamischen Nährstoffprofil und so zu spezifischen Limitierungen kommen kann, wie einer kontinuierlichen Fermentation zur Herstellung von Milchsäure [Lotz und Czytko, 1990; Xu et al., 2006] oder einer kontinuierlichen Produktion von Starterorganismen in Mischkultur [Doleyres et al., 2004].

6.4. Einflüsse bei der Herstellung gefriergetrockneter Präparate und deren Lagerung

Das generell mildeste und meist angewandte Verfahren zur Herstellung von trockenen LAB-Präparaten ist die Gefriertrocknung [Santivarangkna et al., 2007]. Im Rahmen dieser Arbeit wurde dieses Verfahren aus unterschiedlichen Motiven herangezogen:
a) Generierung von lagerfähigen *Lb. acidophilus* Präparaten.
b) Der Gefriertrocknungsprozess sollte mit dem hier untersuchten Extrusionsverfahren, in dem Zellen in eine Teigmatrix immobilisiert und anschließend konvektiv getrocknet werden, verglichen werden.

Diskussion

Auswahl der Schutzmatrix

Bei der Herstellung von gefriergetrockneten Bakterienpräparaten mit hoher Viabilität ist ein Austausch des Fermentationsmediums mit einer kryo- und lyoprotektiven Schutzmatrix unausweichlich [Capela et al., 2006; Fonseca et al., 2001; Meryman, 2007]. In einer früheren Dissertation innerhalb der Arbeitsgruppe wurde bereits eine entsprechende Schutzmatrix mit der Bezeichnung LyoA, bestehend aus 1,5 % Gelatine, 1 % Glycerol, 5 % Maltodextrin und 5 % Laktose, für die verlustarme Gefriertrocknung von Lb. rhamnosus etabliert [Wesenfeld, 2005]. Eigene Untersuchungen, in denen Komponenten dieses Mehrkomponentengemisches variiert wurden, führten bezüglich der Bakterienstabilität während des Einfrierens, der Lyophilisation sowie der anschließenden Lagerung der trockenen Präparate zu keiner Verbesserung des bereits sehr guten Schutzeffektes (Tab. 9). Weiter konnte dargestellt werden, dass das Nährmedium deutlich die Stabilität während der Gefriertrocknung beeinflusst (Tab. 10). Folgende Reihenfolge abnehmender Stabilität kann für die Kombination an Nährmedium/Schutzmatrix aufgestellt werden: MRSD/LyoA > MRSD/Magermilch > GEM/LyoA > GEM/Magermilch.

Durch Verwendung der Schutzmatrix LyoA konnten Präparate mit sehr hohen Überlebensraten von 88,9 ± 8,3 % (MRSD-Kultur; n = 3) hergestellt werden. Da Ausbeuten von über 80 % als sehr gut zu bewerten sind [Santivarangkna et al., 2007], wurde dieses auch in weiteren Experimenten als Standardmatrix für die Gefriertrocknung verwendet.

Restfeuchte

In trockenen Bakterienpräparaten nehmen mit zunehmendem Gehalt an frei verfügbarem Wasser die Raten von chemischen und biochemischen Abbaureaktionen zu, so dass der a_W-Wert einen entscheidenden Einfluss auf die Lagerstabilität hat. Dieser Einfluss wurde für gefriergetrocknete Lb. acidophilus Präparate untersucht. Dabei wurden Präparate mit Restfeuchten zwischen 4,6 bis 9,8 % hergestellt und die jeweilige Absterbekinetik bei unterschiedlichen Lagertemperaturen ermittelt. Im Bereich dieser Restfeuchten konnte bei 4°C ein logarithmischer, bei 37°C ein annähernd logarithmischer Zusammenhang der Absterberate und des Wassergehaltes ermittelt werden. Die Ergebnisse illustrieren somit den starken Einfluss der Restfeuchte auf die Lagerstabilität gefriergetrockneter LyoA-Präparate von Lb. acidophilus. Diese Tatsache verdeutlicht die Schwierigkeit Lagerstabilitäten von Experimenten miteinander zu vergleichen, in denen Präparate aufgrund unterschiedlicher Restfeuchten und/oder Matrizes unterschiedliche a_W-Werte aufweisen.

Wachstumsphase

Mit zunehmendem Alter einer Bakterienkultur kommt es zur Zunahme unterschiedlichster Stressfaktoren wie bspw. einer steigenden Ansäuerung und Nährstofflimitierung, und somit zu physiologischen Veränderungen innerhalb der Zellen. Als idealer Zeitpunkt der Bakterienernte zum Erhalt möglichst robuster LAB wird meistens die stationäre Wachstumsphase genannt und durch zelluläre Anpassungsreaktionen unter diesen stressreichen Bedingungen begründet [Brashears und Gilliland, 1995; Corcoran et al., 2004; Linders et al., 1997; Morice et al., 1992; van de Guchte et al., 2002].

Die in dieser Arbeit durchgeführten Experimente, in denen Bakterienkulturen aus der späten exponentiellen und stationären Wachstumsphase gefriergetrocknet und gelagert wurden, konnten keine Stabilitätsunterschiede während dieser Prozessschritte feststellen. Für beide Präparate konnten ähnliche Stabilitäten während der Gefriertrocknung (~75 %) sowie vergleichbare Absterberaten von 5 Zehnerpotenzen nach 20 Tagen (37°C) ermittelt werden. Mäyrä-Mäkinen (2004) berichtet ebenfalls, dass in der Praxis die Aktivität vieler Lactobacillen unabhängig von dem Erntezeitpunkt bzw. der Wachstumsphase ist.

In dieser Arbeit wurde der Erntezeitpunkt nach 16 h als angemessen erachtet, da zu dieser Zeit keine Dynamik in der Zellkonzentration zu erwarten ist (im Gegensatz zur exponentiellen Wachstumsphase) und diese nach 16 h ihren Höchstwert angenommen hat (vgl. Anhang 2).

Nährmedienzusammensetzung und Zellmorphologie

In den Untersuchungen zur Wahl einer geeigneten Schutzmatrix für die Gefriertrocknung konnte gezeigt werden, dass Lb. acidophilus höhere Stabilitäten nach der Trocknung aufweist, wenn er in MRSD statt GEM kultiviert wird. Weitere Experimente bestätigten, dass MRSD-Kulturen quasi verlustfrei eingefroren und lyophilisiert werden können, wohingegen GEM-Kulturen deutliche Absterberaten nach dem Einfrieren (17,9 %) und dem Gefriertrocknen (23 % und 49,1 %) aufzeigten. Gelagerte Präparate zeigten über einen weiten Bereich verschiedener Temperaturen ebenfalls deutlich höhere Stabilitäten von MRSD-Kulturen als GEM-Kulturen. Bis zu diesem Zeitpunkt konnte mit Sicherheit die Aussage getroffen werden, dass MRSD-Kulturen während des Einfrierens, der Lyophilisation und der Lagerung deutlich robuster als GEM-Kulturen sind. Ein wesentliches Unterscheidungsmerkmal der beiden Populationen ist die durchschnittliche Zellgröße (siehe 6.2). Da vorab gezeigt werden konnte, dass durch Austausch des im GEM enthaltenem Sojapeptons mit dem in MRSD enthaltenem Peptone No. 3 ebenfalls kleinere Zellen generierbar sind, wurde dieses Medium für eine weitere Stabilitätsstudie verwendet. Dabei wurden Kulturen mit einem L/D-Ratio von 3,02 ($GEM_{(Sojapepton, Serva)}$), 1,88 ($GEM_{(Pepton No.3)}$) und 1,98 ($MRSD_{(Pepton No.3)}$) generiert und auf dessen Stabilität während der Gefriertrocknung und Lagerung untersucht. Dabei konnte sowohl für die Gefriertrocknung als auch der anschließenden Lagerung folgender Trend abnehmender Stabilität detektiert werden: $MRSD_{(Pepton No.3)}$ > $GEM_{(Pepton No.3)}$ > $GEM_{(Sojapepton, Serva)}$. Es wird ersichtlich, dass der Austausch des Sojapeptons durch Peptone No. 3 zu einer klaren Stabilitätserhöhung der Zellen während der Gefriertrocknung und Lagerung führt. Aus den Experimenten geht allerdings nicht hervor, dass die Zellgröße der alleinverantwortliche Faktor ist, da sonst die $GEM_{(Pepton No.3)}$-Präparationen identische Stabilitäten wie die MRSD-Präparationen aufzeigen müssten.

Kommt es bei stäbchenförmigen Bakterien zur Ausbildung längerer Zellen, so kann davon ausgegangen werden, dass das Verhältnis von Oberfläche zu Volumen annähernd gleich bleibt [Young, 2006]. Mit zunehmender Zelllänge steigt allerdings die absolute Zelloberfläche und somit Kontaktfläche für Umwelteinflüsse. Während des Einfrierens der Bakterienpräparationen kommt es zunächst extrazellulär und anschließend intrazellulär zur Ausbildung von Eiskristallen, verbunden mit einer Konzentrierung von gelösten Salzen. Dies bewirkt einen zunehmenden Verlust an die Zellstruktur stabilisierendem Wasser sowie osmotischen Stress [Fowler und Toner, 2005]. Abhängig von der Gefrierrate, der Anwesenheit an Schutzstoffen und intrinsischen Faktoren wie der Zusammensetzung der Zellmembran [Gilliland und Speck, 1974], kann es zu mechanischen Schäden der Zellwand und Membran durch Eiskristalle kommen [Mazur, 1970]. Ähnliche Schlussfolgerungen können auch für den Prozess der Lyophilisation gezogen werden. Durch ein erhöhtes Zellvolumen steigt die Menge an intrazellulärem Wasser pro Zelle, welches während der Trocknung entfernt werden muss. Dadurch steigt grundsätzlich die Wahrscheinlichkeit von

Diskussion

Schäden an Zellstrukturen.
Während der Lagerung der dehydrierten Zellen sind die wesentlichsten Einflüsse die Temperatur und der vorliegende a_W-Wert, da diese beiden Größen direkten Einfluss auf chemische und biochemische Reaktionsraten haben. Da die hier untersuchten Kulturen mit identischen Schutzmatrizes versetzt und unter gleichen Bedingungen gelagert wurden, können diese Faktoren nicht für Stabilitätsunterschiede verantwortlich sein. Bezugnehmend auf die größere Zelloberfläche der $GEM_{(Sojapepton, Serva)}$-Kulturen könnte die erhöhte Kontaktfläche mit Luftsauerstoff einen Einfluss haben. Mit andauernder Lagerzeit trockener Bakterienpräparate kann es zunehmend zur Lipidoxidation [Gilliland und Speck, 1974], verbunden mit erhöhten Schäden der Zellmembran kommen [Castro et al., 1995] kommen. Eine vergrößerte Oberfläche könnte somit vermehrt zu Zellschäden mit letalen Folgen führen, was die hier registrierten Unterschiede der Lagerstabilität unterschiedlich großer Zellen mitbegründen könnte.

Da die Bakterien in gleicher Art prozessiert und mit identischen Schutzstoffen versetzt wurden, müssen die unterschiedlichen Stabilitäten der beiden GEM-Kulturen durch Bestandteile des Peptons, evtl. die direkt damit verbundene Beeinflussung der durchschnittlichen Zellgröße, begründet sein. Der Stabilitätsunterschied zwischen der MRSD- und $GEM_{(Pepton No.3)}$-Kultur spricht allerdings dagegen, dass die aus dem Pepton resultierende Zellmorphologie alleinig ausschlaggebend ist, da beide Kulturen vergleichbare Zellgrößen aufwiesen.

Die Partikelgrößenverteilung des in Lösung gebrachten *Lb. acidophilus* NCFM Yo-Mix™ Präparates ergab ein durchschnittliches L/D-Verhältnis der Zellen von 2,34 (Abb. 12D), der über dem der MRSD- (L/D: 1,98) und $GEM_{(Pepton No.3)}$-Kultur (L/D: 1,88), und unter dem der $GEM_{(Sojapepton, Serva)}$-Kultur (L/D: 3,02), lag. Die Betrachtung der Größenverteilung deutet allerdings darauf hin, dass trotz intensiver Mischung ein nicht unwesentlicher Anteil größerer Partikel analysiert wurde (Abb. 12), welcher nicht auf einzelnen Zellen beruht (bspw. ungelöste Feststoffpartikel oder Zellverbände). Entsprechend ist zu vermuten, dass eine Analyse der von Danisco hergestellten Kultur vor der Präparation tendenziell kleinere Zellvolumina ergeben würde, die Zellmorphologie somit mehr der der MRSD- und $GEM_{(Pepton No.3)}$-Kultur entspricht.

6.5. Hitzestressbehandlung zur Stabilitätssteigerung von *Lb. acidophilus*

In der vorliegenden Arbeit wurde ausgetestet, inwieweit technologisch relevante Eigenschaften, wie die Toleranz gegenüber Schäden beim Einfrieren, Gefriertrocknen und der Lagerung im trockenen Zustand, von *Lb. acidophilus* NCFM durch ausgewählte Hitzestressinduktion während der Fermentation beeinflusst werden können. Die gewählten Bedingungen lehnen sich an Literaturquellen an, bei denen neben Stabilitätssteigerungen auch entsprechende Schutzmechanismen auf Proteinebene nachgewiesen wurden. Die Wahl der Stressbedingungen zielte somit auf eine möglichst effektive Schutzreaktion durch entsprechende Hitzeschockproteine ab.

Es wurde der Einfluss unterschiedlicher Temperaturbehandlungen (20 min bei 37, 45, 50 und 55°C) auf die Stabilität nach mehreren Einfrier-Auftauzyklen untersucht. Dabei führte keine der getesteten erhöhten Temperaturen zu einer Toleranzsteigerung gegenüber der 37°C-Referenzprobe.

Es wird mehrfach beschrieben, dass ein erfolgreicher Hitzeschock für eine Toleranzerhöhung von Bakterien bei 8-10°C über der optimalen Wachstumstemperatur liegt [Auffray et al., 1992;

Whitaker und Batt, 1991]. Da das Wachstumsoptimum für *Lb. acidophilus* zwischen 37 und 40°C liegt, der Stamm allerdings auch verhältnismäßig hohe Temperaturen verträgt und bei 45°C wachsen kann [Sanders und Klaenhammer, 2001b], ist mit den Versuchsbedingungen ein adäquater Bereich abgedeckt. Zudem berichten Broadbent *et al.* (1997) über die stärkste Induktion einer Thermotoleranz bei einer 20minütigen 50°C-Behandlung in *Lb. acidophilus* NCFM.

Weiter wurde ausgetestet, inwieweit ein 50°C-Hitzestress für 5 und 20 min die Zellstabilität während der Gefriertrocknung beeinflusst. Die Zeiten waren an Experimenten von Gouesbet *et al.* (2002) orientiert, die die Hitzeschockantwort von *Lactobacillus delbrueckii* analysierten. Demnach erreichen sogenannte „frühe Hitzeschockproteine" ihr Konzentrationsmaximum nach 5-10 min, während der Großteil dieses nach 10-20 erreicht. Um eine möglichst exakte Momentaufnahme der gestressten Zellen zu erhalten, wurden diese in flüssigen Stickstoff schockgefroren. Daher wurden die Zellen bei der anschließenden Gefriertrocknung nicht in einer Schutzmatrix lyophilisiert, was für die temperaturbehandelten Bakterien, als auch für die in der Referenzprobe, in deutlich erhöhten Absterberaten (75 – 83 %) resultierte. Bei dem Vergleich von be- und unbehandelter Kultur konnten weder nach dem Einfrieren noch nach der Lyophilisation Unterschiede in den Überlebensraten ermittelt werden.

Des Weiteren wurde die Einflussnahme einer definierten Hitzebehandlung (20 min, 47 und 50°C) auf die Stabilität während der Lagerung gefriergetrockneter *Lb. acidophilus* Präparate untersucht. Durch die Verwendung der Schutzmatrix LyoA waren die Überlebensraten nach der Gefriertrocknung zwar einheitlich bei über 70 %, Unterschiede von be- und unbehandelten Zellen blieben jedoch aus. Während der Lagerung bei 26 und 37°C zeigten die temperaturbehandelten Präparate sogar stärkere Abnahmen der Lebendzellkonzentrationen.

Fasst man die hier erhaltenen Ergebnisse zusammen, so wird klar, dass keine der angewandten Temperaturbehandlungen einen stabilisierenden Effekt während der Prozessierung von *Lb. acidophilus* hat. Für die Lagerstabilität konnte sogar ein nachteiliger Effekt beobachtet werden. Ziel der Versuche war es, durch Hitzestress eine Stressreaktion in den Zellen auszulösen. Die Art der Behandlung zielte dabei auf eine effektive Bildung von Hitzeschockproteinen bzw. Chaperonen ab, durch die ein Kreuzschutz vor weiteren Stresssituationen hervorgerufen wird. Dieser Schutz ist vor allem auf Proteinebene denkbar, kann aber, bspw. durch Bildung von sHsps, welche membranständige Proteine stabilisieren, auch auf ganze Zellstrukturen wirken [Narberhaus, 2002]. Ein möglicher Erklärungsansatz für eine Stabilitätssteigerung könnte in der stationären Wachstumsphase der verwendeten Kulturen und den damit verbundenen Stressbedingungen wie dem sauren Milieu und herrschenden Nährstoffdefizite. Es ist denkbar, dass eine milde Hitzebehandlung auf solch eine bereits vorgestresste Kultur weniger Einfluss hat, als auf bspw. eine pH-kontrollierte Kultur, die sich im Wachstum ohne Limitierung befindet. Dagegen sprechen allerdings Studien von Schoug *et al.* (2008), welche stressinduzierte Effekte von *Lb. coryniformis* Si3 in einer pH-kontrollierten kontinuierlichen Fermentation durchführten. Dabei führte milder Hitzestress (42°C) zu keiner Veränderung, milde Stresseinwirkung durch Kälte (26°C) oder Säure (pH 4,5) hingegen verschlechterte sogar die Überlebensrate nach der Gefriertrocknung gegenüber optimalen Bedingungen (pH 5,5 und 34°C). Weitere Studien, bei denen Kulturen von *Lb. acidophilus* La-5, *Lb. fermentum* ME-3 und *Lb. rhamnosus* GG mit Temperatur-, Säure und Gallensäurestress vorbehandelt und anschließend in flüssigen Stickstoff schockgefroren wurden, zeigten keinen positiven Effekt gegenüber unbehandelten Zellen im Darmmodel (GITS,

Diskussion

gastrointestinal tract simulator) [Sumeri et al., 2010].
Ein weiterer Erklärungsansatz könnte in der direkten Weiterverarbeitung der Bakterienzellen liegen. So könnten subletale Schäden eine Sensibilisierung für folgende „sekundäre" Stresse darstellen, die während der Prozessierung auftreten [Santivarangkna, 2008]. Aufgrund der hier erzielten Ergebnisse bringt eine Vorbehandlung von *Lb. acidophilus* mit erhöhten Temperaturen unter den getesteten Bedingungen keinen erkennbaren Vorteil, so dass dies in der Arbeit nicht weiter verfolgt wurde.

6.6. Immobilisierung von Lactobacillen mittels Kaltextrusion

Die Extrusionstechnologie ist Grundlage unterschiedlichster Herstellungsverfahren in der Lebensmittelindustrie und kann u.a. für den gezielten Einbau sensitiver Substanzen in eine Lebensmittelmatrix verwendet werden [Schuchmann, 2008]. Die Grundlage der hier angewandten Verkapselung von *Lb. acidophilus* mittels Kaltextrusion basiert auf bereits etablierten Verfahren zur Verkapselung temperatursensitiver Stoffe wie bspw. Omega-3-Fettsäuren [Walther, 2005] und ist mehrfach patentiert [van Lengerich, 1998; 1999; van Lengerich, 2000; 2002; 2004; van Lengerich und Lakkis, 2001]. Die Übertragung des Verfahrens auf die Verkapselung von lebenden Mikroorganismen kann allerdings aufgrund unterschiedlichster inaktivierender Einflüsse zu enormen Verlusten der Lebendzellkonzentration führen.

In vorbereitenden Versuchen wurde dargestellt, dass eine MRSD-Kultur, die bis zur maximalen Zellkonzentration im Batch-Verfahren ohne pH-Regelung gewachsen ist, durch anschließende Kühlung für mindestens 2 Tage stabile Lebendkonzentrationen aufweist und somit einsatzfähig für den Verkapselungsprozess ist. Da es sich um eine angesäuerte Kulturbrühe handelt (pH < 4), bestätigen die Ergebnisse die bekannte Säuretoleranz von *Lb. acidophilus* [Sanders und Klaenhammer, 2001]. Ähnliche Resultate wurden für *Lb. acidophilus* Kulturen ermittelt, welche in die flüssige Schutzmatrix LyoA (pH 5,9) überführt wurden. In beiden Ansätzen kam es zu keiner Abnahme der KBE/ml für mind. 2 Tage gekühlter Lagerung.

Herstellung der Bakterienpräparate

In ersten Versuchsansätzen zur Verkapselung von *Lb. acidophilus* wurde eine native Kulturbrühe als teigbildendes Prozesswasser für die Extrusion genutzt. Unter Verwendung des Extruders ZSK25 wurden so Extrudate hergestellt, in denen die Bakterien in einem Netzwerk, welches hauptsächlich aus Gluten und inerter Stärke besteht, immobilisiert sind. Dabei kam es während des Extrusionsprozesses zu Absterberaten von über 99 %, wobei die Passage durch die Düse den größten Einfluss auf die Zellviabilität hatte. In weiteren Versuchen wurde der Einfluss der Prozesstemperatur sowie des Druckes untersucht. Dazu wurden die Prozessparameter so variiert, dass Extrusionsbedingungen mit Produkttemperaturen von 34 - 60°C und Produktdrücken von 10 - 40 bar erzeugt wurden. Dabei konnte keine Abhängigkeit dieser beiden Systemgrößen auf die Absterberate, welche durchweg im Bereich von 95 – 98 % lag, ermittelt werden. Somit konnten die hohen Absterberaten von *Lb. acidophilus* nicht mit der im Extruder herrschenden Temperatur bzw. dem Druck erklärt werden.

Es sind einzelne, hauptsächlich aus der pharmazeutischen Forschung stammende, Berichte verfügbar, in denen die Verkapselung von Mikroorganismen durch Extrusion und anschließender

Sphäronisation [Bajaj et al., 2010; Huyghebaert et al., 2005; Kim et al., 1988; Kouimtzi et al., 1997] beschrieben werden. Aufgrund der trockenen Verarbeitungsweise ist der Vergleich zu Tablettierungsverfahren, in denen meist vorgetrocknete Bakterien mit geeigneten Fließ- und Bindemitteln in Tabletten gepresst werden, ebenfalls aufschlussreich [Brachkova et al., 2009; Chan und Zhang, 2002; 2005; Maggi et al., 2000; Mastromarino et al., 2002; Zhao und Zhang, 2004].

In der vorliegenden Arbeit lagen die Überlebensraten im getrockneten Granulat für die erfolgreichsten Prozesse bei Werten von 10-18 % der ursprünglichen Kulturbrühe (vgl. Anhang 16). Untersuchungen von Kouimtzi et al. (1997), bei denen mit einem Kolbenextruder und anschließender Sphäronisation Pellets mit vier vegetativen Modelorganismen (*Escherichia coli, Staphylococcus saprophyticus, Bacillus subtilis* und *Bifidobacterium angulaturn*) hergestellt wurden, lagen in der selben Größenordnung. Zusammenfassend konnte dabei abgeleitet werden, dass die für die einzelnen Prozessschritte günstigen Eigenschaften eine kokkoide Zellform, eine grampositive Zellwand sowie ein aerober Zellstoffwechsel sind, so dass für *S. saprophyticus*, welcher diese Eigenschaften hat, mit 16,5 % die höchsten Wiederfindungsraten im trockenen Granulat detektiert werden konnte.

In Untersuchungen von Huyghebaert et al. (2005) führte die Direkttablettierung von gefriergetrocknetem *Lactococcus lactis* zu Absterberaten von 78 %. Ähnliche Ergebnisse wurden für die Tablettierung von lyophilisierten *Bifidobacterium adolescentis* und *Lb. gasseri* beschrieben, bei denen es zu Zellverlusten von bis zu 99 % kam [Maggi et al., 2000 und Mastromarino et al., 2002]. Weitere Versuche von Huyghebaert et al. (2005), in denen *Lactococcus*-Kulturen mittels Kolbenextruder und anschließender Sphäronisation pelletiert wurden, führten zu Abnahmen von ca. 80 % in den feuchten Pellets. Weiter ermittelten die Autoren, dass den größten Einfluss auf die Zellviabilität die anschließende Trocknung der Pellets hatte. So überlebten nur ca. 5 % der Bakterien die Trocknung in Wirbelschicht, während eine Gefriertrocknung der Pellets sogar zu noch höheren Verlusten führte.

Die einzelnen hier resümierten Publikationen haben mit der vorliegenden Arbeit gemein, dass die Verarbeitung der Bakterien in verhältnismäßig trockenen Matrizes und bei geringen Temperaturen stattgefunden hat. Es ist zu vermuten, dass die hier ermittelten Abnahmen der Lebendzellkonzentrationen während der Teigherstellung und der Extrusion auf Effekte zurückzuführen sind, welche durch Scherung und/oder osmotischen Stress hervorgerufen werden. Für weitere Verkapselungsexperimente wurde von dem Doppelschneckenextruder ZSK25 auf ein kleineres Extrudersystem (Einwellen-Pastaextruder PN100) gewechselt. Auch wenn keine prozessgetreue Maßstabsverkleinerung der beiden Systeme möglich ist, so sollte durch den verringerten Maßstab das Handling, der Versuchsdurchsatz sowie die Genauigkeit der Massenbilanzierung verbessert werden.

Um den Einfluss der Scherung besser bewerten zu können wurde die Viskosität im Teig, und somit die Haftreibung zwischen den Bakterien und den umgebenden Partikeln, erniedrigt. Dies wurde durch Erhöhung des Wassergehaltes sowie einer Reduktion des Klebereiweißgehaltes realisiert. Dabei konnte während der Verkapselung einer *Lb. acidophilus*-Suspension in einem Gemisch aus Durum Hartweizenmehl und nativer Stärke (50:50) bei einem erhöhten Restfeuchtegehalt (RF: 44 %) die Überlebensrate während wiederholter Extrusionen im Bereich von 42 - 66 % (vgl. Abb. 22) auf durchschnittlich 74 % (Abb. 24) gesteigert werden. Die

Ergebnisse zeigen, dass durch Reduktion der Scherbelastung die Überlebensrate während der Extrusion gesteigert werden kann.

Vorbehandlung mit Glycerol und Fett

Es konnte dargestellt werden, dass die Vorbehandlung von *Lb. acidophilus*-Konzentrat mit Glycerol und verflüssigten Kokosfett einen deutlichen Einfluss auf die Zellviabilität hat. Während das Vermischen von Zellkonzentrat mit purem Glycerol sowie Kokosfett zu einer teilweisen Inaktivierung der Zellen führte, zeigten die verbliebenen Bakterien eine erhöhte Toleranz gegenüber der anschließenden Trocknung der Extrudate (siehe unten „*Trocknung*").

Isolierte Untersuchungen der Glycerol- und Fett-Behandlung zeigten, dass es bei einer 15minütigen Inkubation von Zellkonzentrat mit diesen beiden Substanzen bereits zu deutlichen Abnahmen der KBE/ml von durchschnittlich 85 % (Kokosfett) und 83 % (Glycerol) kam. Unerklärlicherweise führte auch das Referenzsystem mit physiologischer Kochsalzlösung bereits zu Abnahmen von 43 % (Abb. 31). Da es allerdings durch Verdünnung des Glycerols als auch des Fettes mit wässriger NaCl-Lösung zu einer Erhöhung der Überlebensrate, vergleichbar mit der in der Referenzprobe, kam, kann davon ausgegangen werden, dass die Abnahmen in den stärker konzentrierten Proben Folge einer osmotischen Dehydrierung und den einhergehenden Zellschäden waren.

Für eine Prozessverbesserung wäre eine Zuführung der osmotisch aktiven Komponente bereits während der Fermentationsführung denkbar. So könnte durch eine geeignete Fed-Batch-Strategie von Glycerol (oder eines alternativen kompatiblen Solutes) eine stetige Senkung des a_W-Wertes verbunden mit einem hyperosmotischen Stress im Nährmedium hervorgerufen werden, so dass es zu einer erhöhten Aufnahme des kompatiblen Solutes in die Zelle kommt [Glaasker *et al.*, 1996; Glaasker *et al.*, 1998; Hutkins *et al.*, 1987; Kempf und Bremer, 1998]. Ähnlich konnten Mille *et al.* (2004) die Überlebensrate von *Lb. plantarum* nach Wirbelschichttrocknung optimieren, indem die Zellen zuvor durch Herabsetzung des a_W-Wertes auf 0,55 in einem Wasser-Glycerol-Gemisch behandelt wurden.

Trocknung

Obwohl in den hier zitierten Verfahren der Verkapselung durchweg trockene Matrizes verwendet wurden, und somit der Gehalt an zu entfernenden Wasser bereits reduziert war, führte die abschließende Trocknung der Granulate mit konventionellen Verfahren (Wirbelschichttrocknung, Umlufttrocknung) meist zu den höchsten Absterberaten während des Herstellungsprozesses [Huyghebaert *et al.*, 2005; Kouimtzi *et al.*, 1997]. In der vorliegenden Arbeit waren die Überlebensraten in den Pellets, welche mit nativer Kulturbrühe hergestellt wurden, für den Trocknungsprozess (3 h im Umluftofen, 30 - 35°C) mit 7,5 - 35,8 % noch nicht zufriedenstellend (Anhang 16). Durch Inkubation der Bakterien in Glycerol und anschließender Vorverkapselung in verflüssigtem Kokosfett konnte der Anteil wiedergefundener Zellen nach der Trocknung auf 58,7 - 66,4 % gesteigert werden. Es kann angenommen werden, dass es dabei zu einer Aufnahme des Glycerols in die Zellen mit anschließender Schutzwirkung kam.

Durch identische Vorbehandlung von lyophilisierten Zellen konnte ebenfalls eine leichte Steigerung der Überlebensrate von 33,9 – 38,3 % auf 46 % während der Trocknung erzielt werden, so dass auch hier von einer Schutzwirkung auszugehen ist.

Diskussion

Lagerung von getrockneten Extrudaten

Lagerungsversuche von immobilisierten MRSD- und GEM-Kulturen bestätigten die erhöhte Lagerstabilität von MRSD- gegenüber GEM-Präparaten, wie sie auch für gefriergetrocknete Proben ermittelt wurden. So kam es in Extrudaten aus MRSD-Kulturen um eine 5,2fache und 4,8fache langsamere Abnahme der Lebendzellkonzentration während der Lagerung bei 37°C und 26°C.

In der Arbeit von Kim et al. (1988) wurden flüssige Präparate von *Lb. plantarum* (Stäbchen), *Pediococcus acidilactici* und *Streptococcus cremoris* (beides Kokken) unter Verwendung eines Kolbenextruders in eine Zellulosematrix immobilisiert, anschließend mittels Sphäronisation in Kugeln geformt und nach der Trocknung bei 4 und 22°C gelagert. Während es bei 4°C zu keiner Abnahme der KBE/g kam, zeigten beide Präparate mit kokkoiden Zellen höhere Lagerstabilitäten als die untersuchten Stäbchen. Die Ergebnisse sind vergleichbar mit den hier erzielten, in denen kürzere Stäbchen (MRSD-Kultur) deutlich robuster während der Lagerung waren, als längere Zellen (GEM-Kultur).

Eine wichtige Erkenntnis aus den hier durchgeführten Lagerstudien ist, dass die unmittelbare Zeit nach der Prozessierung bzw. Trocknung den größten Einfluss auf die Viabilität der präparierten Bakterien hat. Wie lang dieser „kritische" Zeitraum ist, hängt von der Restfeuchte im Produkt, der rel. LF in der Atmosphäre und vor allem von der Temperatur ab. Diese Faktoren beeinflussen direkt Sorptionsvorgänge, welche bei der Einstellung einer Gleichgewichtfeuchte zwischen der trockenen Matrix und der umgebenden Atmosphäre stattfinden. Während dieser Zeit kann es entweder zu einer „Nachtrocknung" kommen, in der dem Präparat und den enthaltenen Bakterien Wasser entzogen wird, oder es kann zu einer Erhöhung des a_W-Wertes im Produkt durch Absorption von Wasser kommen. Beide Phänomene können inaktivierend wirken; im ersten Fall durch Schäden an Zellstrukturen [Lievense und van 't Riet, 1993; Meng et al., 2008; Santivarangkna et al., 2008], im zweiten Fall durch Erhöhung an verfügbarem Wasser als Reaktionsmedium und -partner.

Einfluss von Ascorbinsäure

Es konnte gezeigt werden, dass die Zugabe von Ascorbinsäure in die Teigmatrix keine stabilisierende Wirkung auf die Lebendzellkonzentration während der Lagerung hat. Im Gegenteil, während der Lagerung bei 37°C kam es bei einer VitC Konzentration von 0,34 % (g/g_{Teig}) zu deutlich beschleunigten Abnahmen der KBE/g. Bei Verwendung von 1,67 % (g/g_{Teig}) konnte sogar eine Abnahme innerhalb der ersten 6 Tage von über 99 % der Lebendzellkonzentration registriert werden. Die gewünschte antioxidative und somit schützende Wirkung ist somit für die hier untersuchten Bedingungen nicht gegeben.

Es ist zu vermuten, dass ein Großteil der zugegebenen Ascorbinsäure durch das im Mehl vorkommende Enzym Ascorbinsäureoxidase und den vorhandenen Luftsauerstoff zur Dehydroascorbinsäure oxidiert wurde. Dieses Derivat kann durch Reaktion mit Thiolgruppen zurück zur Ascorbinsäure reduziert werden [Köhler, 2003]. Kommt es dabei zur Reaktion von Disulfidbrücken membranständiger Proteine, kann dass zu entsprechenden Denaturierungen und Zellschäden führen [Andersen et al., 1999; Heckly und Dimmick, 1968; Heckly und Quay, 1983].

Diskussion

Weiterführende Betrachtung des Herstellungsprozesses

Veröffentlichte Verfahren, in denen probiotische Bakterien in ein Extrudat integriert werden, umgehen den für die Viabilität kritischen Extrusionsprozess. So ist von der Fa. Nestlé ein Coating-Verfahren patentiert, in dem Kochextrudate mit einer Matrix umhüllt werden, die die lebenden Bakterien beinhaltet [Nestlé, 2004]. Ebenso wurde die nachträgliche Zufuhr einer flüssigen Probiotikasuspension in ein Kochextrudat mittels Vakuuminfusion erforscht und patentiert [Kazarjan, 2011; Kirejevas und Kazarjan, 2010]. In dem hier dargestellten Verfahren wird allerdings die flüssige Bakteriensuspension in den Herstellungsprozess der Extrudate integriert. Bei ausreichender Aufrechterhaltung der ursprünglichen Lebendzellkonzentration hat diese Vorgehensweise mehrere Vorteile. Da die Bakteriensuspension gleichzeitig als teigbildende Komponente (Plastifizierer) fungiert, kann die Zufuhr von Prozesswasser minimiert werden. Durch die direkte Verwendung der Bakteriensuspension können zudem Prozessschritte zur zwischenzeitlichen Konservierung der Bakterien, wie bspw. die Herstellung von gefrorenen oder lyophilisierten Präparationen, eingespart werden. Dadurch werden nicht nur durch die Behandlung verursachte Zellverluste umgangen, es können auch Lager- und Energiekosten eingespart werden.

6.7. Einfluss von Zellschäden auf die Fähigkeit zur Koloniebildung

Wiederholte Lagerungsversuche von getrockneten Extrudaten unter gekühlten Bedingungen (4°C) offenbarten, dass sich, abhängig von den Trocknungsbedingungen, ein gewisser Anteil der Bakterien in einem „ruhenden" Zustand befindet, in dem sie vermeintlich noch lebend, aber zur Ausbildung von Kolonien unfähig sind [Breeuwer und Abbe, 2000; Kell *et al.*, 1998; Oliver, 2005]. Unter diesen milden Lagerungsbedingungen konnte wiederholt beobachtet werden, dass sich ein gewisser Anteil dieser Zellen zu aktiven und kultivierbaren Zellen regenerierte (Abb. 16, Abb. 23, Abb. 25). Die Menge an regenerierten Zellen hing dabei entscheidend von den vorherigen Prozessbedingungen und insbesondere den Trocknungsbedingungen ab. Durch diese Zellregeneration konnte innerhalb der ersten 21 - 29 Tage einer 4°C-Lagerung eine Lebendzellkonzentration im Bereich von 218 – 240 % zur Startkonzentration der Lagerung registriert werden (Abb. 16). Es ist zu vermuten, dass der beschriebene Wechsel des physiologischen Zustands entscheidend von den Wasseraktivitäten der Probe und der umgebenden Atmosphäre bzw. dem daraus resultierendem Gleichgewichtszustand abhängt. So konnte dargestellt werden, dass es in trockenen Extrudaten bei einer rel. LF von 43 % bereits nach 2 Tagen zu einem Anstieg der KBE/g kommt. Identische Präparate, welche bei einer rel. LF von 11,3 % gelagert wurden, zeigten innerhalb der ersten 2 Tage zunächst eine weitere Abnahme der KBE/g, bis dann nach 21 Tagen Lagerung ebenfalls eine Zunahme, vergleichbar mit der der feuchter gelagerten Proben, registriert werden konnte (Abb. 16). Dieser Verlauf könnte mit einer Nachtrocknung der Bakterienpräparate und den einhergehenden inaktivierenden bzw. subletalen Effekten verbunden sein [Wesche *et al.*, 2009].

Zwei weitere Experimente mit vergleichbaren Ergebnissen verdeutlichten den Einfluss der Inkubationszeit während der Trocknung im Umluftofen. So kam es in Proben, welche für 22 h getrocknet wurden, innerhalb der ersten 17 - 26 Tage einer gekühlten Lagerung zu einem Anstieg der KBE/g. Diese Konzentrationen lagen dabei in dem KBE/g-Bereich einer jeweils identischen

Probe, welche für nur 3 h getrocknet wurde. Die Tatsache, dass in dieser Probe kein Anstieg der KBE/g verzeichnet wurde, bestätigt die Hypothese, dass es in den länger getrockneten Proben zu einer nachträglichen Regeneration kam (Abb. 23, Abb. 25).

Interessanterweise wurde in der Arbeit von Kim et al. (1988) gezeigt, dass mit Bakterien beladene Extrudate, welche mittels Sphäronisation in Form gebracht und anschließend in Wirbelschicht getrocknet wurden, ein ähnliches Stabilitätsverhalten bei einer 4°C-Lagerung aufweisen. Auch wenn die Autoren diesem Phänomen in ihrer Publikation keine Beachtung schenkten, so wird aus den Daten ersichtlich, dass es für alle drei untersuchten Bakterienarten innerhalb von 7 - 42 Tagen zu einer Erhöhung der KBE/g kam. Diese Zunahme bzw. vermeidliche Regeneration stieg auf Werte zwischen 125 - 294 % der Startkonzentration der Lagerung, und lag somit in vergleichbaren Größenordnungen wie den hier erzielten nachträglichen Zunahmen. Von Holt (2004) konnte ebenfalls subletale Schäden in Lb. casei nach der Präparation mittels Fetteinbettung und anschließender Kryovermahlung feststellen, wodurch diese Verarbeitung zu einer beschleunigten Abnahme der Viabilität bei der anschließende Lagerung führte.

6.8. Zusammenfassende Betrachtung der Lagerstabilitäten von Lyophilisaten und Extrudaten

In der vorliegenden Arbeit wurden unterschiedliche Präparate mit lebenden Lb. acidophilus hergestellt und die Stabilität der Lebendzellkonzentration während der Lagerung bei unterschiedlichen Temperaturen untersucht. Neben der Herstellung von gefriergetrockneten Präparaten wurden auch Extrudate auf Basis eines Durum-Hartweizenteiges hergestellt, in dessen Matrix die Bakterien immobilisiert wurden. Für die Verkapselungsexperimente wurden Bakteriensuspensionen als auch gefriergetrocknete Bakterienpräparate verwendet. In Tab. 14 sind die dezimalen Reduktionszeiten der unterschiedlichen Präparate, welche bei 37°C und einer rel. LF von 11,3 % gelagert wurden, zusammenfassend dargestellt.

Diskussion

Tab. 14: Zusammenfassende Betrachtung ausgewählter Lagerversuche.
Verglichen wird der D-Wert für unterschiedliche Proben, die unter identischen Bedingungen (37°C und einer rel. LF von 11,3 %) gelagert wurden.

	Bezug	Lb. acidophilus Kultur	Präparation	Matrix	mittlere RF [%]	$D_{37°C}$ [h]	± SA [h]	n
1					4,6	168	121	5
2	Abb. 9	MRSD	Lyophilisat	LyoA	5,5	79	31	3
3					6,7	44	15	4
4		GEM			3,4	85	8	8
5	Abb. 13	GEM(Peptone No.3)	Lyophilisat	LyoA	3,1	115	17	8
6		MRSD			3,1	161	40	8
7	Tab.13	MRSD	Lyophilisat	LyoA*	n.d.	489	177	8
8	Abb.16	MRSD	Extrudat	Durum-Stärke	5,9	210	76	10
9			Extrudat	Durum-Stärke	6,9	267	99	10
10			Teigproben		6,2	339	59	12
11	Abb. 18	MRSD	Teigproben	Durum-Stärke	6,7	326	45	12
12			Extrudat		6,6	336	40	12
13			Extrudat		7,2	398	32	12
14	Abb. 21	MRSD	Extrudat	Durum-Stärke	n.d.	425	131	31
15	Abb. 23	MRSD	Extrudat	Durum	7,9	466	208	12
16	Abb. 25	MRSD	Extrudat	Durum	7,2	267	58	8
17					6,4	384	85	6
18	Abb. 27	MRSD (mit Glycerol und Fett vorbehandelt)	Extrudat	Durum	7,3	380	53	6
19					10,3	195	38	6
20	Abb. 29	LyoA-Lyophilisat aus einer MRSD-Kultur	Extrudat	Durum	5,6	127	54	5

n = Anzahl der gemessenen Lagerproben, aus dem der D-Wert gemittelt wurde
* die LyoA-Präparate wurden vor der Gefriertrocknung mit flüssigen Stickstoff schockgefroren

Vergleicht man die Lagerstabilität der Bakterienpräparate in Form von Extrudaten und Lyophilisaten (für jedes Experiment die jeweils höchsten Zellstabilitäten, also Tab. 14 Zeile 1, 6, 9, 13-17), so wird ersichtlich, dass bei 37°C durchschnittlich höhere Lagerstabilitäten in den Extrudaten vorhanden sind, als in den Lyophilisaten.

Für die Zellimmobilisierung von Lb. acidophilus in Extrudate ist die Verwendung von flüssigen Kulturen der von lyophilisierten Bakterienpräparaten vorzuziehen, da bei der Verkapselung flüssiger Ansätze höhere Lagerstabilitäten detektiert wurden. Darüber hinaus hat die Verwendung einer nativen Kulturbrühe auch aus wirtschaftlicher Sicht Vorteile, da einerseits die Zu- und Abfuhr von Prozesswasser verringert ist, andererseits Zeit und Energie, durch Wegfall der vorherigen Probenvorbereitung mittels Trocknung, eingespart werden können.

Die hier miteinander verglichenen Lagerbedingungen dienten der zeitnahen Erfassung von Effekten bzw. zeitnahen Vergleichbarkeit unterschiedlich behandelter/hergestellter Proben. Der direkte Vergleich mit lyophilisierten Präparaten zeigt die gute Eignung der hier hergestellten Extrudate als Trägerstoffe für Lb. acidophilus auf. Durch Ausrichtung der Lagerbedingungen auf eine höchstmögliche Langzeitstabilität der Bakterien, bspw. durch Senkung der Temperatur und Verwendung einer Schutzatmosphäre, wären auch die absoluten Stabilitäten steigerungsfähig [Bozoglu, 1987]. Mehrere Lagerversuche bei 4°C und einer rel. LF von 11,3 % zeigten bereits auf, dass die Bakterien in der Teigmatrix für bis zu 170 Tage lagerstabil sind, ohne dass es zu einer merklichen Abnahme der Lebendzellkonzentration kommt (vgl. Abb. 21, Abb. 23 und Abb. 27).

7. Zusammenfassung

Untersuchungsgegenstand der vorliegenden Arbeit war die Optimierung unterschiedlicher Verfahren zur Aufrechterhaltung der Viabilität von *Lb. acidophilus* NCFM während der verfahrenstechnischen Prozessierung und Lagerung. Dabei wurde gezielt die Einflussnahme des Fermentationsmediums und des darin enthaltenen Peptons auf das Wachstumsverhalten und die Robustheit der Zellen untersucht. Es wurde dargestellt, dass eine Konzentration von 0,05 % Tween 80 im Nährmedium essentiell für ein optimales Wachstum von *Lb. acidophilus* NCFM ist. Durch Auswahl eines speziellen Mediums (MRS, Difco^{TM}) bzw. eines speziellen Peptons (Difco^{TM} Proteose Peptone No. 3) konnten Bakterienpopulationen mit verhältnismäßig hoher Zelldichte und mit charakteristisch kleinen Zellmorphologien generiert werden, welche sich durch ein durchschnittliches Längen-Durchmesser-Verhältnis (L/D-Ratio) der Stäbchen von 2,1 auszeichneten. Diese Bakterien zeigten im Vergleich zu Kulturen anderer Nährmedien, in denen durchschnittlich größeren Zellen gebildet wurden (L/D-Ratio: 3,5), eine erhöhte Toleranz gegenüber inaktivierenden Einflüssen beim Einfrieren, der Gefriertrocknung und der anschließenden Lagerung der Lyophilisate. Diese erhöhte Zellstabilität von kleineren Bakterien konnte ebenfalls für den Prozess der Zellimmobilisierung mittels Kaltextrusion, sowie der anschließenden Trocknung und Lagerung der Extrudate, dargestellt werden. Untersuchungen mit anderen Lactobacillaceae deuteten darauf hin, dass die Ausbildung charakteristischer Zellmorphologien in Abhängigkeit von dem Nährmedium nicht auf *Lb. acidophilus* NCFM beschränkt ist.

Weiter wurde dargestellt, dass Hitzestressbehandlungen ungeeignet dazu sind, erhöhte Stresstoleranzen und somit erhöhte Überlebensraten während der Prozessierungsschritte Einfrieren, Lyophilisation sowie der anschließenden trockenen Lagerung in *Lb. acidophilus* zu induzieren.

In der vorliegenden Arbeit wurde zudem der Prozess der Kaltextrusion zur Immobilisierung von *Lb. acidophilus* in eine Teigmatrix, sowie der anschließenden Trocknung der Granulate, etabliert. Während anfängliche Überlebensraten in den feuchten Extrudaten nach der Extrusion unter 1 % lagen, konnte diese durch Variation der Prozessbedingungen in Bereiche von 60 - 70 % gesteigert werden. Weiter konnte durch gezielte Integration von Glycerol und Kokosnussfett in den Herstellungsprozess die Überlebensrate während einer anschließenden dreistündigen Trocknung der Extrudate von anfänglichen 10 - 20 % auf ca. 65 % erhöht werden.

Es wurden Studien zur Lagerstabilität von *Lb. acidophilus* in unterschiedlichen Präparationen durchgeführt. Dabei zeigte sich, dass in mit Bakterien beladenen Extrudaten die Lagerstabilität größtenteils höher ist, als in gefriergetrockneten Präparaten, die unter identischen Bedingungen (37°C, relative Luftfeuchte von 11,3 %) gelagert wurden. Betrachtet man die vollständige Herstellung der trockenen Granulate in Bezug auf die Überlebensrate, so ist der Gesamtprozess während der Entwicklung um einen Faktor von ca. 300 verbessert worden.

Für den Verkapselungsprozess ist die Verwendung von flüssigen Kulturen der von lyophilisierten Bakterienpräparaten vorzuziehen. Obwohl keine deutlichen Unterschiede während der Teigherstellung und Extrusion ermittelt wurden, zeigten flüssige Ansätze nach der Verkapselung vergleichsweise höhere Lagerstabilitäten.

Weitere Lagerungsversuche von getrockneten Extrudaten offenbarten, dass sich abhängig von

Zusammenfassung

den Trocknungsbedingungen ein gewisser Anteil der Bakterien in einem „ruhenden" Zustand befindet, in dem die Bakterien noch lebend, aber zur Ausbildung von Kolonien unfähig sind. So konnte wiederholt beobachtet werden, dass die Konzentration an Kolonie bildenden Einheiten innerhalb der ersten 4 Wochen einer gekühlten Lagerung bei 4°C auf bis zu 295 % der Startkonzentration der Lagerung anstieg. Bezieht man die Kenntnisse auf einen Produktionsprozess, in dem Bakterien zur Langzeitlagerung getrocknet und, wie in dieser Arbeit beobachtet, reversibel beschädigt werden, so könnte eine strategische Nachbehandlung dazu beitragen, die Viabilitätsverluste in den fertigen Bakterienpräparaten nachhaltig zu verringern.

8. Ausblick

Die hier erhaltenen Ergebnisse, dass nach der konvektiven Trocknung im Umluftofen bis zu 66 % der im Extrudat enthaltenen Bakterien subletal geschädigt waren und mit dem Routineverfahren der Ausplattierung nicht detektiert werden konnten, misst diesem Phänomen weitreichende Bedeutung zu. Es gibt mehrere Aspekte, deren Untersuchungen aus technologischer Sicht von Interesse sind:

(1) Wahl des Detektionsverfahrens „lebender" Bakterien

Neben der mikrobiologischen Standardprozedur des Oberflächenspatel- und Gussplattenverfahrens werden häufig auch Titerverfahren wie das MPN-Verfahren (*most probable number*), angewendet, um auf die Lebendzellkonzentration einer Probe zu schließen. Da diese Methoden abhängig von der Kultivierbarkeit des Bakteriums sind, ist zu vermuten, dass sie in der Anwendung für „ruhende Zellen" limitiert sind. Vor allem für die Analyse probiotischer Erzeugnisse, die meist eine Vielzahl an Prozessschritten hinter sich haben, gilt es die entsprechende Methode zu validieren [Champagne et al., 2011]. Um die Verteilung physiologisch unterschiedlicher Zellen innerhalb einer Population bzw. eines Präparates bewerten zu können, müssen alternative Verfahren herangezogen werden. Dabei würden sich Färbeverfahren anbieten, in denen (Fluoreszenz-) Farbstoffe in Abhängigkeit von der Integrität des Stoffwechsels und/oder der Zellmembran in der Lage sind, nur tote oder lebende Zellen anzufärben (bspw. LIVE/DEAD® BacLight™ Viability Kit der Fa. Invitrogen) [Boulos, 1999]. Ein wesentlicher Nachteil dieses Verfahrens ist die Notwendigkeit einer verhältnismäßig reinen Bakteriensuspension. Um Bakterienzellen in einer Teigmatrix mittels Färbemethoden zu quali- und quantifizieren, ist eine Probenvorbehandlung zur Separation der Bakterien von Proteinaggregaten und Stärkepartikeln unumgänglich. Dabei sind die störenden Teigkomponenten schwer von den Bakterien abtrennbar, vor allem, wenn der physiologische Zustand der Bakterien dabei nicht beeinflusst werden darf.

(2) Angepasste Lagerstrategie

Der Anteil an Bakterien, welcher subletal geschädigt ist, hängt maßgeblich von den Prozessierungs- bzw. Trocknungsbedingungen ab. Das oberste Ziel sollte sein diese zu optimieren, so dass nahezu alle Bakterien in der Lage sind nach Vereinzelung Kolonien auszubilden. Ist dies nicht möglich, so wäre eine sinnvolle Strategie, die hergestellten Präparate direkt nach der Trocknung, sozusagen in einer „Post-Prozessierung-Phase", zunächst unter definierten milden Bedingungen zu lagern, so dass ein höchstmögliches Maß an Zellregeneration stattfinden kann. Die hier am effektivsten zu bewertenden Bedingungen waren bis zu 4 Wochen bei 4°C und eine rel. LF von 43 %. Da die gefundenen Phänomene allerdings nicht gezielt untersucht wurden, besteht ein großes Potential diese Bedingungen zu optimieren.

Für die Prozessoptimierung ist die Kenntnis über das Maß an subletal geschädigten und/oder lebenden aber nicht kultivierbaren Mikroorganismen für jeden Verarbeitungsschritt mit inaktivierendem Potential, so auch dem Einfrieren und der Gefriertrocknung [Mackey und Derrick, 1982], von Relevanz. Im Falle einer unmittelbaren Weiterverarbeitung, bspw. einer zeitnahen Verkapselung der Zellen, sollte dies berücksichtigt werden und evtl. die Bedingungen für eine gezielte „Erholungsphase" für die angeschlagenen Zellen ausgearbeitet und in den Herstellungsprozess integriert werden.

9. Verzeichnisse

9.1. Literaturverzeichnis

Abee, T., Wels, M., de Been, M. und den Besten, H. (2011) From transcriptional landscapes to the identification of biomarkers for robustness. Microbial Cell Factories, 10, S9.

Achour, M. (2006) A new method to assess the quality degradation of food products during storage. Journal of Food Engineering, 75, 560-564.

Achour, M., Mtimet, N., Cornelius, C., Zgouli, S., Mahjoub, A., Thonart, P. und Hamdi, M. (2001) Application of the accelerated shelf life testing method ASLT to study the survival rates of freeze-dried Lactococcus starter cultures. Journal of Chemical Technology & Biotechnology, 76, 624-628.

Adams, C. A. (2010) The probiotic paradox: live and dead cells are biological response modifiers. Nutrition Research Reviews, 23, 37-46.

Alberts, B., Johnson, A., Lewis, J., Raff , M., Roberts, K. und Walter, P. (2003) Molekularbiologie der Zelle Wiley-VCH Verlag GmbH & Co. KG, ISBN: 3527304924

Aljarallah, K. M. und Adams, M. R. (2007) Mechanisms of heat inactivation in Salmonella serotype Typhimurium as affected by low water activity at different temperatures. J Appl Microbiol, 102, 153-160.

Alp, G. und Aslim, B. (2010) Relationship between the resistance to bile salts and low pH with exopolysaccharide (EPS) production of Bifidobacterium spp. isolated from infants feces and breast milk. Anaerobe, 16, 101 - 105.

Ananta, E. und Knorr, D. (2004) Evidence on the role of protein biosynthesis in the induction of heat tolerance of Lactobacillus rhamnosus GG by pressure pre-treatment. Int J Food Microbiol, 96, 307-313.

Ananta, E., Birkeland, S. E., Corcoran, B., Fitzgerald, G., Hinz, S., Klijn, A., Mättö, J., Mercernier, A., Nilsson, U., Nyman, M., O`Sullivan, E., Parche, S., Rautonen, N., Ross, R. P., Saarela, M., Stanton, C., Stahl, U., Suomalainen, T., Vincken, J. P., Virkajärvi, I., Voragen, F., Wesenfeld, J., Wouters, R. und Knorr, D. (2004) Processing Effects on the Nutritional Advancement of Probiotics and Prebiotics. 16.

Andersen, A. B., Fog-Petersen, M. S., Larsen, H. und Skibsted, L. H. (1999) Storage Stability of Freeze-dried Starter Cultures (Streptococcus thermophilus) as Related to Physical State of Freezing Matrix. Lebensmittel-Wissenschaft und Technologie, 32, 540-547.

Auffray, Y., Gansel, X., Thammavongs, B. und Boutibonnes, P. (1992) Heat shock-induced protein synthesis inLactococcus lactis subsp.lactis. Current Microbiology, 24, 281-284.

Badel, S., Bernardi, T. und Michaud, P. (2011) New perspectives for Lactobacilli exopolysaccharides. Biotechnology Advances, 29, 54-66.

Bajaj, P. R., Survase, S. a., Bule, M. V. und Singhal, R. S. (2010) Studies on Viability of Lactobacillus fermentum by Microencapsulation Using Extrusion Spheronization. Food Biotechnology, 24, 150-164.

Bansal, T. und Garg, S. (2008) Probiotics: from functional foods to pharmaceutical products. Curr Pharm Biotechnol, 9, 267-287.

Bauer, S. A. W., Schneider, S., Behr, J., Kulozik, U. und Foerst, P. (2011) Combined influence of fermentation and drying conditions on survival and metabolic activity of starter and probiotic cultures after low-temperature vacuum drying. Journal of Biotechnology, In Press, Corrected Proof.

Baumann, D. P. und Reinbold, G. W. (1966) Freezing of lactic cultures. J Dairy Sci, 49, 259-264.

Bayrock, D. und Ingledew, W. M. (1997) Fluidized bed drying of baker's yeast: moisture levels, drying rates, and viability changes during drying. Food Research International, 30, 407-415.

BD Bionutrients™ Technical Manual, Advanced Bioprocessing, Third Edition Revised. (2006) http://www.bdbiosciences.com/documents/bionutrients_tech_manual.pdf

Beal, C., Fonseca, F. und Corrieu, G. (2001) Resistance to freezing and frozen storage of Streptococcus thermophilus is related to membrane fatty acid composition. J Dairy Sci, 84, 2347-2356.

Beck, W. S. und Levin, M. (1963) Purification, kinetics, and repression control of bacterial trans-N-deoxyribosylase. J Biol Chem, 238, 702-709.

Bengmark, S. (2003) Use of some pre-, pro- and synbiotics in critically ill patients. Best Pract Res Clin Gastroenterol, 17, 833-848.

Bergamini, C. V., Hynes, E. R., Quiberoni, A., Suarez, V. B. und Zalazar, C. A. (2005) Probiotic bacteria as adjunct starters: influence of the addition methodology on their survival in a semi-hard Argentinean cheese. Food Research International, 38, 597-604.

Bernardeau, M., Vernoux, J. P. and Gueguen, M. (2001) Usefulness of epifluorescence for quantitative analysis of lactobacilli in probiotic feed. Journal of Applied Microbiology, 91, 1103-1109.

Bottone, E. J., Thomas, C. A., Lindquist, D. und Janda, J. M. (1995) Difficulties encountered in identification of a nutritionally deficient streptococcus on the basis of its failure to revert to streptococcal morphology. J Clin Microbiol, 33, 1022-1024.

Boulos, L. (1999) LIVE/DEAD® BacLight™: application of a new rapid staining method for direct enumeration of viable and total bacteria in drinking water. Journal of Microbiological Methods, 37, 77-86.

Bozoglu, T. F., Ozilgen, M. und Bakir, U. (1987) Survival kinetics of lactic acid starter cultures during and after freeze drying. Enzyme and Microbial Technology, 9, 531-537.

Brachkova, M. I., Duarte, A. und Pinto, J. F. (2009) Evaluation of the viability of Lactobacillus spp. after the production of different solid dosage forms. J Pharm Sci, 98, 3329-3339.

Brashears, M. M. und Gilliland, S. E. (1995) Survival during frozen and subsequent refrigerated storage of Lactobacillus acidophilus cells as influenced by the growth phase. J Dairy Sci, 78, 2326-2335.

Breeuwer, P. und Abee, T. (2000) Assessment of viability of microorganisms employing fluorescence techniques. International Journal of Food Microbiology, 55, 193-200.

Broadbent, J, R., Oberg, C, J., Wang, H, Wei und L (1997) Attributes of the heat shock response in three species of dairy Lactobacillus, Elsevier.

Broadbent, J. R. und Lin, C. (1999) Effect of Heat Shock or Cold Shock Treatment on the Resistance of Lactococcus lactis to Freezing and Lyophilization. Cryobiology, 39, 88-102.

Brown, A. D. (1976) Microbial water stress. Bacteriol Rev, 40, 803-846.

Burgain, J., Gaiani, C., Linder, M. und Scher, J. (2011) Encapsulation of probiotic living cells: From laboratory scale to industrial applications. Journal of Food Engineering, 104, 467-483.

BVL (2008) Auszug aus der deutschen Liste nach Art. 13 Abs. 2 der Verordnung (EG) Nr. 1924/2006 der Bundesamt für Verbraucherschutz und Lebensmittelsicherheit

Capela, P., Hay, T. und Shah, N. (2006) Effect of cryoprotectants, prebiotics and microencapsulation on survival of probiotic organisms in yoghurt and freeze-dried yoghurt. Food Research International, 39, 203-211.

Capps, B. F., Hobbs, N. L. und Fox, S. H. (1949) A method for the microbiological assay of vitamin B12. J Biol Chem, 178, 517.

Castro, H. P., Teixeira, P. M. und Kirby, R. (1995) Storage of lyophilized cultures of Lactobacillus bulgaricus under different relative humidities and atmospheres. Applied Microbiology and Biotechnology, 44, 172-176.

Cerrutti, P., Segovia de Huergo, M., Galvagno, M., Schebor, C. und del Pilar Buera, M. (2000) Commercial baker's yeast stability as affected by intracellular content of trehalose, dehydration procedure and the physical properties of external matrices. Appl Microbiol Biotechnol, 54, 575-580.

Champagne, C. P., Lacroix, C. und Sodini-Gallot, I. (1994) Immobilized cell technologies for the dairy industry. Crit Rev Biotechnol, 14, 109-134.

Champagne, C. P., Ross, R. P., Saarela, M., Hansen, K. F. und Charalampopoulos, D. (2011) Recommendations for the viability assessment of probiotics as concentrated cultures and in food matrices. International Journal of Food Microbiology, 149, 185-193.

Chan, E. S. und Zhang, Z. (2002) Encapsulation of Probiotic Bacteria Lactobacillus Acidophilus by Direct Compression. Food and Bioproducts Processing, 80, 78-82.

Chan, E. S. und Zhang, Z. (2005) Bioencapsulation by compression coating of probiotic bacteria for their protection in an acidic medium. Process Biochemistry, 40, 3346-3351.

Chawdhri, R. F., Hutchinson, D. W. und Richards, A. O. L. (1991) Nucleoside deoxyribosyltransferase and inosine phosphorylase activity in lactic acid bacteria. Archives of Microbiology, 155, 409-411.

Chen, X. C. und Mujumdar, A. S. (2008) Drying Technologies in Food Processing, Wiley-Blackwell, ISBN: 9781405157636.

Clark, R. B., Gordon, R. E., Bottone, E. J. und Reitano, M. (1983) Morphological aberrations of nutritionally deficient streptococci: association with pyridoxal (vitamin B6) concentration and potential role in antibiotic resistance. Infect Immun, 42, 414-417.

Conrad, P. B., Miller, D. P., Cielenski, P. R. und de Pablo, J. J. (2000) Stabilization and preservation of Lactobacillus acidophilus in saccharide matrices. Cryobiology, 41, 17-24.

Corcoran, B. M., Ross, R. P., Fitzgerald, G. F. und Stanton, C. (2004) Comparative survival of probiotic lactobacilli spray-dried in the presence of prebiotic substances. J Appl Microbiol, 96, 1024-1039.

Corcoran, B. M., Stanton, C., Fitzgerald, G. F. und Ross, R. P. (2007) Growth of probiotic lactobacilli in the presence of oleic acid enhances subsequent survival in gastric juice. Microbiology (Reading, England), 153, 291-299.

Corcoran, B. M., Stanton, C., Fitzgerald, G. und Ross, R. P. (2008) Life under stress: the probiotic stress response and how it may be manipulated. Curr Pharm Des, 14, 1382-1399.

Crowe, J. H., Carpenter, J. F. und Crowe, L. M. (1998) The role of vitrification in anhydrobiosis. Annu Rev Physiol, 60, 73-103.

Crowe, L. M., Reid, D. S. und Crowe, J. H. (1996) Is trehalose special for preserving dry biomaterials? Biophys J, 71, 2087-2093.

de Angelis, M. und Gobbetti, M. (2004) Environmental stress responses in Lactobacillus: a review. Proteomics, 4, 106-122.

de Man, J. C., Rogosa, M. und Sharpe, M. (1960) A medium for the cultivation of lactobacilli. . Journal of Applied Microbiology, 23, 130-135.

de Valdez, G. F., de Giori, G. S., de Ruiz Holgado, A. P. und Oliver, G. (1985) Effect of drying medium on residual moisture content and viability of freeze-dried lactic Acid bacteria. Appl Environ Microbiol, 49, 413-415.

de Vos, W. (2011) Systems solutions by lactic acid bacteria: from paradigms to practice. Microbial Cell Factories, 10, S2.

de Vrese, M., Schrezenmeir, J., Stahl, U., Donalies, U. und Nevoigt, E. (2008) Probiotics, Prebiotics, and Synbiotics Food Biotechnologyl, 111 Springer Berlin / Heidelberg, 1-66.

Deepika, G., Charalampopoulos, D., Allen, I. L., Sima, S. und Geoffrey, M. G. (2010) Chapter 4 - Surface and Adhesion Properties of Lactobacillil, In Advances in Applied Microbiology, Vol. Volume 70 Academic Press, 127-152.

Deepika, G., Green, R. J., Frazier, R. A. und Charalampopoulos, D. (2009) Effect of growth time on the surface and adhesion properties of Lactobacillus rhamnosus GG. Journal of Applied Microbiology, 107, 1230-1240.

Deibel, R. H., Downing, M., Niven, C. F., Jr. und Schweigert, B. S. (1956) Filament formation by Lactobacillus leichmannii when desoxyribosides replace vitamin B12 in the growth medium. J Bacteriol, 71, 255-256.

den Besten, H. M., Arvind, A., Gaballo, H. M., Moezelaar, R., Zwietering, M. H. und Abee, T. (2011) Short- and long-term biomarkers for bacterial robustness: a framework for quantifying correlations between cellular indicators and adaptive behavior. PLoS One, 5, e13746.

Desmond, C., Fitzgerald, G. F., Stanton, C. und Ross, R. P. (2004) Improved stress tolerance of GroESL-overproducing Lactococcus lactis and probiotic Lactobacillus paracasei NFBC 338. Appl Environ Microbiol, 70, 5929 - 5936.

Desmond, C., Ross, R. P., O'Callaghan, E., Fitzgerald, G. und Stanton, C. (2002) Improved survival of Lactobacillus paracasei NFBC 338 in spray-dried powders containing gum acacia. J Appl Microbiol, 93, 1003 - 1011.

Desmond, C., Stanton, C., Fitzgerald, G. F., Collins, K. und Ross, R. P. (2001) Environmental adaptation of probiotic lactobacilli towards improvement of performance during spray drying. Int Dairy J, 11, 801 - 808.

Desobry, S. A., Netto, F. M. und Labuza, T. P. (1997) Comparison of Spray-drying, Drum-drying and Freeze-drying for β-Carotene Encapsulation and Preservation. Journal of Food Science, 62, 1158-1162.

Dimitrellou, D., Kourkoutas, Y., Banat, I. M., Marchant, R. und Koutinas, A. A. (2007) Whey-cheese production using freeze-dried kefir culture as a starter. J Appl Microbiol, 103, 1170-1183.

Dimitrellou, D., Kourkoutas, Y., Koutinas, A. A. und Kanellaki, M. (2009) Thermally-dried immobilized kefir on casein as starter culture in dried whey cheese production. Food Microbiology, 26, 809-820.

Doleyres, Y., Fliss, I. und Lacroix, C. (2004) Continuous production of mixed lactic starters containing probiotics using immobilized cell technology. Biotechnol Prog, 20, 145-150.

Donsi, F., Ferrari, G., Lenza, E. und Maresca, P. (2009) Main factors regulating microbial inactivation by high-pressure homogenization: Operating parameters and scale of operation. Chemical Engineering Science, 64, 520-532.

Ehrmann, M. A., Kurzak, P., Bauer, J. und Vogel, R. F. (2002) Characterization of lactobacilli towards their use as probiotic adjuncts in poultry. J Appl Microbiol, 92, 966-975.

Endo, Y., Kamisada, S., Fujimoto, K. und Saito, T. (2006) Trans fatty acids promote the growth of some Lactobacillus strains. J Gen Appl Microbiol, 52, 29-35.

Ewalt, K. L., Hendrick, J. P., Houry, W. A. und Hartl, F. U. (1997) In vivo observation of polypeptide flux through the bacterial chaperonin system. Cell, 90, 491-500.

FAO/WHO (2002) Bericht der Arbeitsgruppe zur Erarbeitung von Richtlinien für die Beurteilung von Probiotika in Lebensmitteln.

Ferreira, C. V. und Först, P. (2010) Neue Verfahren zur Aktivität von Starterkulturen mittels Vakuumtrocknung, Jahresbericht 2010. Technische Universität München. http://www.wzw.tum.de/blm/fml/deutsch/jabe10%20lebensmi.pdf

Fiebig, H.-J. (2011) Deutsche Gesellschaft für Fettwissenschaft: Fettsäurezusammensetzung wichtiger pflanzlicher und tierischer Speisefette und -öle. http://www.dgfett.de/material/fszus.htm, Stand: Oktober 2011.

Fonseca, F., Beal, C. und Corrieu, G. (2000) Method of quantifying the loss of acidification activity of lactic acid starters during freezing and frozen storage. J Dairy Res, 67, 83-90.

Fonseca, F., Beal, C. und Corrieu, G. (2001) Operating conditions that affect the resistance of lactic acid bacteria to freezing and frozen storage. Cryobiology, 43, 189-198.

Fonseca, F., Passot, S., Lieben, P. und Marin, M. (2004) Collapse temperature of bacterial suspensions: the effect of cell type and concentration. Cryo Letters, 25, 425-434.

Fowler, A. und Toner, M. (2005) Cryo-injury and biopreservation. Annals of the New York Academy of Sciences, 1066, 119-135.

Franks, F. (1998) Freeze-drying of bioproducts: putting principles into practice. Eur J Pharm Biopharm, 45, 221-229.

Fu, N. und Chen, X. D. (2011) Towards a maximal cell survival in convective thermal drying processes. Food Research International, 44, 1127-1149.

Gaggia, F., Di Gioia, D., Baffoni, L. und Biavati, B. (2011) The role of protective and probiotic cultures in food and feed and their impact in food safety. Trends in Food Science & Technology.

Galinski, E. A. (1995) Osmoadaptation in bacteria. Adv Microb Physiol, 37, 272-328.

Gharsallaoui, A., Roudaut, G., Chambin, O., Voilley, A. und Saurel, R. (2007) Applications of spray-drying in microencapsulation of food ingredients: An overview. Food Research International, 40, 1107-1121.

Gilliland, S. E. und Rich, C. N. (1990) Stability During Frozen and Subsequent Refrigerated Storage of Lactobacillus acidophilus Grown at Different Ph. Journal of Dairy Science, 73, 1187-1192.

Gilliland, S. E. und Speck, M. L. (1974) Relationship of cellular components to the stability of concentrated lactic streptococcus cultures at -17 C. Appl Microbiol, 27, 793-796.

Glaasker, E., Konings, W. N. und Poolman, B. (1996) Osmotic regulation of intracellular solute pools in Lactobacillus plantarum. J Bacteriol, 178, 575-582.

Glaasker, E., Tjan, F. S., Ter Steeg, P. F., Konings, W. N. und Poolman, B. (1998) Physiological response of Lactobacillus plantarum to salt and nonelectrolyte stress. J Bacteriol, 180, 4718-4723.

Global Probiotics Market (2010) Market & Market, 1 - 234.

Goldberg, I. und Eschar, L. (1977) Stability of lactic Acid bacteria to freezing as related to their Fatty Acid composition. Appl Environ Microbiol, 33, 489-496.

Goldin, B. R. und Gorbach, S. L. (2008) Clinical Indications for Probiotics: An Overview. Clinical Infectious Diseases, 46, S96-S100.

Gomez Zavaglia, A., Disalvo, E. A. und De Antoni, G. L. (2000) Fatty acid composition and freeze-thaw resistance in lactobacilli. J Dairy Res, 67, 241-247.

Gouesbet, G., Jan, G. und Boyaval, P. (2002) Two-Dimensional Electrophoresis Study of Lactobacillus delbrueckii subsp. bulgaricus Thermotolerance. Appl. Environ. Microbiol., 68, 1055-1063.

Greene, J. D. und Klaenhammer, T. R. (1994) Factors involved in adherence of lactobacilli to human Caco-2 cells. Appl Environ Microbiol, 60, 4487-4494.

Greenspan, L. (1977) Humidity Fixed Points of Binary Saturated Aqueous Solutions. Physics, 81.

Grobben, G. J., Chin-Joe, I., Kitzen, V. A., Boels, I. C., Boer, F., Sikkema, J., Smith, M. R. und de Bont, J. A. (1998) Enhancement of Exopolysaccharide Production by Lactobacillus delbrueckii subsp. bulgaricus NCFB 2772 with a Simplified Defined Medium. Appl Environ Microbiol, 64, 1333-1337.

Grzeskowiak, L., Isolauri, E., Salminen, S. und Gueimonde, M. (2010) Manufacturing process influences properties of probiotic bacteria. Br J Nutr, 105, 887-894.

Guillot, A., Obis, D. und Mistou, M. Y. (2000) Fatty acid membrane composition and activation of glycine-betaine transport in Lactococcus lactis subjected to osmotic stress. Int J Food Microbiol, 55, 47-51.

Hammer-Jespersen, K. (1983) Nucleoside catabolism. In: Metabolism of nucleotides, nucleosides, and nucleobases in microorganisms. 203-258, Academic Press, 9780125105804.

Hansen, E. B. (2002) Commercial bacterial starter cultures for fermented foods of the future. Int J Food Microbiol, 78, 119-131.

Hayta, M. und Alpaslan, M. (2001) Effects of processing on biochemical and rheological properties of wheat gluten proteins. Nahrung, 45, 304-308.

Hebert, E. M., Raya, R. R. und de Giori, G. S. (2004) Nutritional requirements of Lactobacillus delbrueckii subsp. lactis in a chemically defined medium. Curr Microbiol, 49, 341-345.

Heckly, R. J. und Dimmick, R. L. (1968) Correlations between free radical production and viability of lyophilized bacteria. Applied microbiology, 16, 1081-1085.

Heckly, R. J. und Quay, J. (1983) Adventitious chemistry at reduced water activities: Free radicals and polyhydroxy agents. Cryobiology, 20, 613-624.

Heller, K. J. (2001) Probiotic bacteria in fermented foods: product characteristics and starter organisms. The American journal of clinical nutrition, 73, 374S-379S.

Higl, B., Santivarangkna, M. S. C. und Först, P. (2008) Bewertung und Optimierung von Gefrier- und Vakuumtrocknungsverfahren in der Herstellung von mikrobiellen Starterkulturen. Chemie Ingenieur Technik, 80, 1157-1164.

Higl, B., (2008) Bedeutung der Verfahrenstechnik und des Glaszustands für die Stabilität von Mikroorganismen während der Lyophilisation und der Lagerung. Dissertation, Lehrstuhl für Lebensmittelverfahrenstechnik und Molkereitechnologie, Technische Universität München.

Hoekstra, F. A., Golovina, E. A. und Buitink, J. (2001) Mechanisms of plant desiccation tolerance. Trends Plant Sci, 6, 431-438.

Horaczek, A. und Viernstein, H. (2004) Beauveria brongniartii subjected to spray-drying in a composite carrier matrix system. Journal of Microencapsulation, 21, 317-330.

Hutkins, R. W., Ellefson, W. L. und Kashket, E. R. (1987) Betaine Transport Imparts Osmotolerance on a Strain of Lactobacillus acidophilus. Appl Environ Microbiol, 53, 2275-2281.

Huyghebaert, N., Vermeire, A., Neirynck, S., Steidler, L., Remaut, E. und Remon, J. P. (2005) Evaluation of extrusion/spheronisation, layering and compaction for the preparation of an oral, multiparticulate formulation of viable, hIL-10 producing Lactococcus lactis. European Journal of Pharmaceutics and Biopharmaceutics, 59, 9-15.

Jakubowska, J., Libudzisz, Z. und Piakiewicz, A. (1980) Evaluation of lactic acid Streptococci for the preparation of frozen concentrated starter cultures. Acta Microbiol Pol, 29, 135-144.

Jeener, H. und Jeener, R. (1952) Cytological study of Thermobacterium acidophilus R 26 cultured in absence of deoxyribonucleosides or uracil. Experimental Cell Research, 3, 675-680.

Johnsson, T., Nikkila, P., Toivonen, L., Rosenqvist, H. und Laakso, S. (1995) Cellular Fatty Acid profiles of lactobacillus and lactococcus strains in relation to the oleic Acid content of the cultivation medium. Appl Environ Microbiol, 61, 4497-4499.

Justice, S. S., Hung, C., Theriot, J. A., Fletcher, D. A., Anderson, G. G., Footer, M. J. und Hultgren, S. J. (2004) Differentiation and developmental pathways of uropathogenic Escherichia coli in urinary tract pathogenesis. Proc Natl Acad Sci U S A, 101, 1333-1338.

Justice, S. S., Hunstad, D. A., Cegelski, L. und Hultgren, S. J. (2008) Morphological plasticity as a bacterial survival strategy. Nat Rev Microbiol, 6, 162-168.

Kaminski, P. A. (2002) Functional cloning, heterologous expression, and purification of two different N-deoxyribosyltransferases from Lactobacillus helveticus. The Journal of biological chemistry, 277, 14400-14407.

Kazarjan, A. (2011) Development and production of extruded food and feed products compromising probiotic microorganism. , Faculty of Science, Department of applied chemistry and biotechnology Tallinn University of Technology.

Kell, D. B., Kaprelyants, a. S., Weichart, D. H., Harwood, C. R. und Barer, M. R. (1998) Viability and activity in readily culturable bacteria: a review and discussion of the practical issues. Antonie van Leeuwenhoek, 73, 169-187.

Kempf, B. und Bremer, E. (1998) Uptake and synthesis of compatible solutes as microbial stress responses to high-osmolality environments. Arch Microbiol, 170, 319-330.

Kets, E., Teunissen, P. und de Bont, J. (1996) Effect of compatible solutes on survival of lactic Acid bacteria subjected to drying. Appl Environ Microbiol, 62, 259-261.

Kilstrup, M., Hammer, K., Ruhdal Jensen, P. und Martinussen, J. (2005) Nucleotide metabolism and its control in lactic acid bacteria. FEMS microbiology reviews, 29, 555-590.

Kim, H. S., Kamara, B. J., Good, I. C. und Enders, G. L. (1988) Method for the preparation of stabile microencapsulated lactic acid bacteria. Journal of Industrial Microbiology & Biotechnology, 3, 253-257.

King, V. A., Lin, H. J. und Liu, C. F. (1998) Accelerated storage testing of freeze-dried and controlled low-temperature vacuum dehydrated Lactobacillus acidophilus. J Gen Appl Microbiol, 44, 160-165.

Kirejevas, V. und Kazarjan, A. (2010) Probiotic oil suspension and the use thereof. WO2010122107.

Kirjavainen, P. V., Ouwehand, A. C., Isolauri, E. und Salminen, S. J. (1998) The ability of probiotic bacteria to bind to human intestinal mucus. FEMS Microbiol Lett, 167, 185-189.

Knorr, D. (1998) Technology aspects related to microorganisms in functional foods. Trends in Food Science & Technology, 9, 295-306.

Köhler, P. (2003) Zur Wirkung von Ascorbinsäure als Mehlverbesserungsmittel. Informationszentrale für Backmittel und Backgrundstoffe zur Herstellung von Brot und Feinen Backwaren e.V., 8, 7-8.

Kojima, M., Suda, S., Hotta, S. und Hamada, K. (1970a) Induction of pleomorphy and calcium ion deficiency in Lactobacillus bifidus. J Bacteriol, 102, 217-220.

Kojima, M., Suda, S., Hotta, S., Hamada, K. und Suganuma, a. (1970b) Necessity of calcium ion for cell division in Lactobacillus bifidus. Journal of bacteriology, 104, 1010-1013.

Kos, B., Suskovic, J., Vukovic, S., Simpraga, M., Frece, J. und Matosic, S. (2003) Adhesion and aggregation ability of probiotic strain Lactobacillus acidophilus M92. J Appl Microbiol, 94, 981 - 987.

Kosanke, J. W., Osburn, R. M., Shuppe, G. I. und Smith, R. S. (1992) Slow rehydration improves the recovery of dried bacterial populations. Can J Microbiol, 38, 520-525.

Koskenniemi, K., Laakso, K., Koponen, J., Kankainen, M., Greco, D., Auvinen, P., Savijoki, K., Nyman, T. A., Surakka, A., Salusjarvi, T., de Vos, W. M., Tynkkynen, S., Kalkkinen, N. und Varmanen, P. (2011) Proteomics and transcriptomics characterization of bile stress response in probiotic Lactobacillus rhamnosus GG. Mol Cell Prot, 10.

Kouimtzi, M., Pinney, R. J. und Newton, J. M. (1997) Survival of Bacteria During Extrusion-Spheronization. Pharmacy and Pharmacology Communications, 3, 347-351.

Kuang, S. S., Oliveira, J. C. und Crean, a. M. (2010) Microencapsulation as a tool for incorporating bioactive ingredients into food. Critical reviews in food science and nutrition, 50, 951-968.

Kusaka, I. und Kitahara, K. (1962) Effect of several vitamins on the cell division and the growth of Lactobacillus delbrueckii. J Vitaminol (Kyoto), 8, 115-120.

Leslie, S. B., Israeli, E., Lighthart, B., Crowe, J. H. und Crowe, L. M. (1995) Trehalose and sucrose protect both membranes and proteins in intact bacteria during drying. Applied and environmental microbiology, 61, 3592-3597.

Lichtenberger, L. M. (1995) The hydrophobic barrier properties of gastrointestinal mucus. Annu Rev Physiol, 57, 565-583.

Lievense, L. C., Verbreek, M. A. M., Noomen, A. und van't Riet, K. (1994) Mechanism of dehydration inactivation of Lactobacillus plantarum. Applied Microbiology and Biotechnology, 41, 90-94.

Lievense, L. und van 't Riet, K. (1993) Convective drying of bacteria. Measurement and Controll, 50 Springer Berlin / Heidelberg, 45-63.

Lima, K., Kruger, M., Behrens, J., Destro, M., Landgraf, M. und Gombossydemelofranco, B. (2009) Evaluation of culture media for enumeration of Lactobacillus acidophilus, Lactobacillus casei and Bifidobacterium animalis in the presence of Lactobacillus delbrueckii subsp bulgaricus and Streptococcus thermophilus. LWT - Food Science and Technology, 42, 491-495.

Linders, L. J. M., Meerdink, G. und Van 't Riet, K. (1997) Effect of growth parameters on the residual activity of Lactobacillus plantarum after drying. Journal of Applied Microbiology, 82, 683-688.

Lippert, K. und Galinski, E. A. (1992) Enzyme stabilization be ectoine-type compatible solutes: protection against heating, freezing and drying. Applied Microbiology and Biotechnology, 37, 61-65.

Lorca, G. L. und Valdez, G. F. D. (2001) A Low-pH-Inducible , Stationary-Phase Acid Tolerance Response in Lactobacillus acidophilus CRL 639. Culture, 42, 21-25.

Lorca, G. L., Font de Valdez, G. und Ljungh, A. (2002) Characterization of the protein-synthesis dependent adaptive acid tolerance response in Lactobacillus acidophilus. Journal of molecular microbiology and biotechnology, 4, 525-532.

Lotz, M. und Czytko, M. (1990) Kontinuierliche fermentative Herstellung von L-Milchsäure und ihre Aufarbeitung durch Elektrodialyse. Chemie Ingenieur Technik, 62, 214-214.

Mackey, B. M. und Derrick, C. M. (1982) The effect of sublethal injury by heating, freezing, drying and gamma-radiation on the duration of the lag phase of Salmonella typhimurium. Journal of Applied Microbiology, 53, 243-251.

Madigan, M. T. und Martinko, J. M. (2006) Brock Mikrobiologie Pearson Studium, ISBN: 3827371872.

Maggi, L., Mastromarino, P., Macchia, S., Brigidi, P., Pirovano, F., Matteuzzi, D. und Conte, U. (2000) Technological and biological evaluation of tablets containing different strains of lactobacilli for vaginal administration. Eur J Pharm Biopharm, 50, 389-395.

Marshall, V. M., Laws, A. P., Gu, Y., Levander, F., Radstrom, P., De Vuyst, L., Degeest, B., Vaningelgem, F., Dunn, H. und Elvin, M. (2001) Exopolysaccharide-producing strains of thermophilic lactic acid bacteria cluster into groups according to their EPS structure. Lett Appl Microbiol, 32, 433-437.

Marteau, P. R., Vrese, M. d., Cellier, C. J. and Schrezenmeir, J. r. (2001) Protection from gastrointestinal diseases with the use of probiotics. The American Journal of Clinical Nutrition, 73, 430S-436S.

Marteau, P. und Shanahan, F. (2003) Basic aspects and pharmacology of probiotics: an overview of pharmacokinetics, mechanisms of action and side-effects. Best Pract Res Clin Gastroenterol, 17, 725-740.

Mastromarino, P., Brigidi, P., Macchia, S., Maggi, L., Pirovano, F., Trinchieri, V., Conte, U. und Matteuzzi, D. (2002) Characterization and selection of vaginal Lactobacillus strains for the preparation of vaginal tablets. J Appl Microbiol, 93, 884-893.

Mattarelli, P., Biavati, B., Pesenti, M. und Crociani, F. (1999) Effect of growth temperature on the biosynthesis of cell wall proteins from Bifidobacterium globosum. Res Microbiol, 150, 117-127.

Mättö, J., Alakomi, H.-L., Vaari, A., Virkajärvi, I. und Saarela, M. (2006) Influence of processing conditions on Bifidobacterium animalis subsp. lactis functionality with a special focus on acid tolerance and factors affecting it. International Dairy Journal, 16, 1029-1037.

Maus, J. E. und Ingham, S. C. (2003) Employment of stressful conditions during culture production to enhance subsequent cold- and acid-tolerance of bifidobacteria. J Appl Microbiol, 95, 146-154.

Mäyrä-Mäkinen, A. (2004) CRC Press 2004.

Mazeaud, I. (2009) Encapsulation of Probiotics for Food Applications. In Industrial Workshop on Microencapsulation of Flavors and Bioactives for Functional Food Applications(Ed, Development, D. C. B.) Bloomington, Minnesota.

Mazur, P. (1970) Cryobiology: the freezing of biological systems. Science, 168, 939-949. Measurement and Controll, 50 Springer Berlin / Heidelberg, 45-63.

Mazur, P., Leibo, S. P. and Chu, E. H. (1972) A two-factor hypothesis of freezing injury. Evidence from Chinese hamster tissue-culture cells. Exp Cell Res, 71, 345-355.

Mejia, R., Gomez-Eichelmann, M. C. und Fernandez, M. S. (1999) Escherichia coli Membrane Fluidity as Detected by Excimerization of Dipyrenylpropane: Sensitivity to the Bacterial Fatty Acid Profile. Archives of Biochemistry and Biophysics, 368, 156-160.

Melin, P., Sundh, I., Hakansson, S. und Schnurer, J. (2007) Biological preservation of plant derived animal feed with antifungal microorganisms: safety and formulation aspects. Biotechnol Lett, 29, 1147-1154.

Meng, X. C., Stanton, C., Fitzgerald, G. F., Daly, C. und Ross, R. P. (2008) Anhydrobiotics: The challenges of drying probiotic cultures. Food Chemistry, 106, 1406-1416.

Meryman, H. T. (2007) Cryopreservation of living cells: principles and practice. Transfusion, 47, 935-945.

Meuser, F., van Lengerich, B. und Köhler, F. (1982) Einfluss der Extrusionsparameter auf die funktionellen Eigenschaften von Weizenstärke. Starch/Stärke 34, 366-372.

Mille, Y., Beney, L. und Gervais, P. (2005a) Compared tolerance to osmotic stress in various microorganisms: towards a survival prediction test. Biotechnol Bioeng, 92, 479-484.

Mille, Y., Girard, J. P., Beney, L. und Gervais, P. (2005b) Air drying optimization of Saccharomyces cerevisiae through its water-glycerol dehydration properties. J Appl Microbiol, 99, 376-382.

Mille, Y., Obert, J. P., Beney, L. und Gervais, P. (2004) New drying process for lactic bacteria based on their dehydration behavior in liquid medium. Biotechnol Bioeng, 88, 71-76.

Mills, S., Stanton, C., Fitzgerald, G. und Ross, R. P. (2011) Enhancing the stress responses of probiotics for a lifestyle from gut to product and back again. Microbial Cell Factories, 10, S19.

Millsap, K. W., van der Mei, H. C., Reid, G. und Busscher, H. J. (1996) Physico-chemical and adhesive cell surface properties of Lactobacillus strains grown in old formula and new, standardized MRS medium. Journal of Microbiological Methods, 27, 239-242.

Mitchell, A., Romano, G. H., Groisman, B., Yona, A., Dekel, E., Kupiec, M., Dahan, O. und Pilpel, Y. (2009) Adaptive prediction of environmental changes by microorganisms. Nature, 460, 220-224.

Miyamoto-Shinohara, Y., Imaizumi, T., Sukenobe, J., Murakami, Y., Kawamura, S. und Komatsu, Y. (2000) Survival rate of microbes after freeze-drying and long-term storage. Cryobiology, 41, 251-255.

Miyamoto-Shinohara, Y., Nozawa, F., Sukenobe, J. und Imaizumi, T. (2010) Survival of yeasts stored after freeze-drying or liquid-drying. The Journal of General and Applied Microbiology, 56, 107-119.

Miyamoto-Shinohara, Y., Sukenobe, J., Imaizumi, T. und Nakahara, T. (2008) Survival of freeze-dried bacteria. J Gen Appl Microbiol, 54, 9-24.

Montanari, C., Sado Kamdem, S. L., Serrazanetti, D. I., Etoa, F. X. und Guerzoni, M. E. (2010) Synthesis of cyclopropane fatty acids in Lactobacillus helveticus and Lactobacillus sanfranciscensis and their cellular fatty acids changes following short term acid and cold stresses. Food Microbiol, 27, 493 - 502.

Møretrø, T., Hagen, B. F. und Axelsson, L. (1998) A new, completely defined medium for meat lactobacilli. Journal of Applied Microbiology, 85, 715-722.

Morgan, C. A., Herman, N., White, P. A. und Vesey, G. (2006) Preservation of micro-organisms by drying; A review. Journal of Microbiological Methods, 66, 183-193.

Morice, M., Bracquart, P. und Linden, G. (1992) Colonial Variation and Freeze-Thaw Resistance of Streptococcus thermophilus. Journal of Dairy Science, 75, 1197-1203.

Morishita, T., Deguchi, Y., Yajima, M., Sakurai, T. und Yura, T. (1981) Multiple nutritional requirements of lactobacilli: genetic lesions affecting amino acid biosynthetic pathways. J Bacteriol, 148, 64-71.

Müller, A. und Hildebrandt, G. (1989a) Die Genauigkeit der kulturellen Keimzahlbestimmung. I. Literaturübersicht. Fleischwirtschaft, 69, 603-616.

Müller, A. und Hildebrandt, G. (1989b) Die Genauigkeit der kulturellen Keimzahlbestimmung. II. Eigene Untersuchungen. Fleischwirtschaft 69, 925-930.

Mulvey, M. A., Lopez-Boado, Y. S., Wilson, C. L., Roth, R., Parks, W. C., Heuser, J. und Hultgren, S. J. (1998) Induction and evasion of host defenses by type 1-piliated *uropathogenic* Escherichia coli. Science, 282, 1494-1497.

Murga, M. L., Cabrera, G. M., de Valdez, G. F., Disalvo, A. und Seldes, A. M. (2000) Influence of growth temperature on cryotolerance and lipid composition of Lactobacillus acidophilus. J Appl Microbiol, 88, 342-348.

Narberhaus, F. (2002) Alpha-crystallin-type heat shock proteins: socializing minichaperones in the context of a multichaperone network. Microbiol Mol Biol Rev, 66, 64-93; table of contents.

Nestlé (2004) Probiotik enthaltendes Getreideprodukt. DE29724815U1.

Ocana, V. S., Bru, E., De Ruiz Holgado, A. A. und Nader-Macias, M. E. (1999) Surface characteristics of lactobacilli isolated from human vagina. J Gen Appl Microbiol, 45, 203-212.

OECD-FAO Agricultural Outlook 2011-2019 (2010) Highlights OECD, 1 - 84.

Oliver, A. E., Hincha, D. K., Crowe, L. M. und Crowe, J. H. (1998) Interactions of arbutin with dry and hydrated bilayers. Biochim Biophys Acta, 1370, 87-97.

Oliver, J. D. (2005) The viable but nonculturable state in bacteria. Journal of microbiology (Seoul, Korea), 43 Spec No, 93-100.

Ouwehand, A. C., Kirjavainen, P. V., Granlund, M. M., Isolauri, E. und Salminen, S. J. (1999) Adhesion of probiotic micro-organisms to intestinal mucus. International Dairy Journal, 9, 623-630.

Partanen, L., Marttinen, N. und Alatossava, T. (2001) Fats and fatty acids as growth factors for Lactobacillus delbrueckii. Syst Appl Microbiol, 24, 500-506.

Parvez, S., Malik, K. A., Ah Kang, S. und Kim, H. Y. (2006) Probiotics and their fermented food products are beneficial for health. J Appl Microbiol, 100, 1171-1185.

Patterson, J. A. und Burkholder, K. M. (2003) Application of prebiotics and probiotics in poultry production. Poult Sci, 82, 627-631.

Peebles, M. M., Gilliland, S. E. und Speck, M. L. (1969) Preparation of concentrated lactic streptococcus starters. Appl Microbiol, 17, 805-810.

Pembrey, R. S., Marshall, K. C. und Schneider, R. P. (1999) Cell surface analysis techniques: What do cell preparation protocols do to cell surface properties? Appl Environ Microbiol, 65, 2877-2894.

Permjakow, S. (2011) Hitzestress als stabilitätsbeeinflussender Faktor bei der Herstellung von probiotischen Milchsäurebakterien, Diplomarbeit, FG Mikrobiologie und Genetik, Technische Universität Berlin.

Piette, J. P. und Idziak, E. S. (1992) A model study of factors involved in adhesion of Pseudomonas fluorescens to meat. Appl Environ Microbiol, 58, 2783-2791.

Polacheck, J. W., Tropp, B. E. und Law, J. H. (1966) Biosynthesis of cyclopropane compounds. 8. The conversion of oleate to dihydrosterculate. J Biol Chem, 241, 3362-3364.

Pothakamury, U. R. und Barbosa-Canovas, G. V. (1995) Fundamental aspects of controlled release in foods. Trends in Food Science & Technology, 6, 397-406.

Prasad, J., Mc Jarrow, P. und Gopal, P. (2003) Heat and osmotic stress responses of probiotic Lactobacillus rhamnosus HN001 (DR20) in relation to viability after drying. Appl Environ Microbiol, 69, 917-925.

Reich, J. und Soska, J. (1973) Thymineless death in Lactobacillus acidophilus R-26. II. Factors determining the rate of the reproductive inactivation. Folia microbiologica, 18, 361-367.

Reid, G. und Friendship, R. (2002) Alternatives to antibiotic use: probiotics for the gut. Anim Biotechnol, 13, 97-112.

Reid, G., Jass, J., Sebulsky, M. T. und McCormick, J. K. (2003) Potential uses of probiotics in clinical practice. Clin Microbiol Rev, 16, 658-672.

Rochat, T., Gratadoux, J.-J., Gruss, A., Corthier, G., Maguin, E., Langella, P. und van de Guchte, M. (2006) Production of a Heterologous Nonheme Catalase by Lactobacillus casei: an Efficient Tool for Removal of H2O2 and Protection of Lactobacillus bulgaricus from Oxidative Stress in Milk. Appl. Environ. Microbiol., 72, 5143-5149.

Rosenberg, M. (2006) Microbial adhesion to hydrocarbons: twenty-five years of doing MATH. FEMS Microbiol Lett, 262, 129-134.

Rosenberg, M., Gutnick, D. und Rosenberg, E. (1980) Adherence of bacteria to hydrocarbons: A simple method for measuring cell-surface hydrophobicity. FEMS Microbiology Letters, 9, 29-33.

Ross, R. P., Desmond, C., Fitzgerald, G. F. und Stanton, C. (2005) Overcoming the technological hurdles in the development of probiotic foods. J Appl Microbiol, 98, 1410-1417.

Ruas-Madiedo, P., Hugenholtz, J. und Zoon, P. (2002) An overview of the functionality of exopolysaccharides produced by lactic acid bacteria. International Dairy Journal, 12, 163-171.

Ruoff, K. L. (1991) Nutritionally variant streptococci. Clin Microbiol Rev, 4, 184-190.

Saarela, M., Rantala, M., Hallamaa, K., Nohynek, L., Virkajarvi, I. und Matto, J. (2004) Stationary-phase acid and heat treatments for improvement of the viability of probiotic lactobacilli and bifidobacteria. J Appl Microbiol, 96, 1205-1214.

Salminen, S., von Wright, A., Morelli, L., Marteau, P., Brassart, D., de Vos, W. M., Fonden, R., Saxelin, M., Collins, K., Mogensen, G., Birkeland, S. E. und Mattila-Sandholm, T. (1998) Demonstration of safety of probiotics - a review. Int J Food Microbiol, 44, 93-106.

Sanders, M. E. und Klaenhammer, T. R. (2001) Invited review: the scientific basis of Lactobacillus acidophilus NCFM functionality as a probiotic. J Dairy Sci, 84, 319-331.

Santivarangkna, C., Kulozik, U. und Foerst, P. (2006) Effect of carbohydrates on the survival of Lactobacillus helveticus during vacuum drying. Lett Appl Microbiol, 42, 271-276.

Santivarangkna, C., Kulozik, U. und Foerst, P. (2007) Alternative drying processes for the industrial preservation of lactic acid starter cultures. Biotechnol Prog, 23, 302-315.

Santivarangkna, C., Kulozik, U. und Foerst, P. (2008) Inactivation mechanisms of lactic acid starter cultures preserved by drying processes. J Appl Microbiol, 105, 1-13.

Savini, M., Cecchini, C., Verdenelli, M. C., Silvi, S., Orpianesi, C. und Cresci, A. (2010) Pilot-scale Production and Viability Analysis of Freeze-Dried Probiotic Bacteria Using Different Protective Agents. Nutrients, 2, 330-339.

Sawatari, Y., Hirano, T. und Yokota, A. (2006) Development of food grade media for the preparation of Lactobacillus plantarum starter culture. The Journal of General and Applied Microbiology, 52, 349-356.

Sawula, R. V., Zamenhof, S. und Zamenhof, P. J. (1974) Degradation of thymidine by Lactobacillus acidophilus. J Bacteriol, 117, 1358-1360.

Schar-Zammaretti, P., Dillmann, M. L., D'Amico, N., Affolter, M. und Ubbink, J. (2005) Influence of fermentation medium composition on physicochemical surface properties of Lactobacillus acidophilus. Appl Environ Microbiol, 71, 8165-8173.

Schmidt, G. und Zink, R. (2000) Basic features of the stress response in three species of bifidobacteria: B. longum, B. adolescentis, and B. breve. Int J Food Microbiol, 55, 41-45.

Schoug, A., Fischer, J., Heipieper, H., Schnarer, J. und Hakansson, S. (2008) Impact of fermentation pH and temperature on freeze-drying survival and membrane lipid composition of Lactobacillus coryniformis Si3. Journal of Industrial Microbiology & Biotechnology, 35, 175-181.

Schuchmann, H. P. (2008) Extrusion zur Gestaltung von Lebensmittelstrukturen. Chemie Ingenieur Technik, 80, 1097-1106.

Shakirova, L., Auzina, L., Zikmanis, P., Gavare, M. und Grube, M. (2010) Influence of growth conditions on hydrophobicity of Lactobacillus acidophilus and Bifidobacterium lactis cells and characteristics by FT-IR spectra. Spectroscopy, 24, 251-255.

Shim, H. und Yang, S. T. (1999) Biodegradation of benzene, toluene, ethylbenzene, and o-xylene by a coculture of Pseudomonas putida and Pseudomonas fluorescens immobilized in a fibrous-bed bioreactor. J Biotechnol, 67, 99-112.

Siedler, A. J., Nayder, F. A. und Schweigert, B. S. (1957) Studies on improvements in the medium for Lactobacillus acidophilus in the assay for deoxyribonucleic acid. J Bacteriol, 73, 670-675.

Silva, J., Carvalho, A. S., Ferreira, R., Vitorino, R., Amado, F., Domingues, P., Teixeira, P. und Gibbs, P. A. (2005) Effect of the pH of growth on the survival of Lactobacillus delbrueckii subsp. bulgaricus to stress conditions during spray-drying. J Appl Microbiol, 98, 775-782.

Slade, L. und Levine, H. (1991) Beyond water activity: recent advances based on an alternative approach to the assessment of food quality and safety. Crit Rev Food Sci Nutr, 30, 115-360.

Smiddy, M., Sleator, R. D., Patterson, M. F., Hill, C. und Kelly, A. L. (2004) Role for compatible solutes glycine betaine and L-carnitine in listerial barotolerance. Appl Environ Microbiol, 70, 7555-7557.

Smith, D. D., Jr. und Norton, S. J. (1980) S-Adenosylmethionine, cyclopropane fatty acid synthase, and the production of lactobacillic acid in Lactobacillus plantarum. Arch Biochem Biophys, 205, 564-570.

Smittle, R. B., Gilliland, S. E. und Speck, M. L. (1972) Death of Lactobacillus bulgaricus Resulting from Liquid Nitrogen Freezing. Appl Microbiol, 24, 551-554.

Smittle, R. B., Gilliland, S. E., Speck, M. L. und Walter, W. M., Jr. (1974) Relationship of cellular fatty acid composition to survival of Lactobacillus bulgaricus in liquid nitrogen. Appl Microbiol, 27, 738-743.

Speckman, C. A., Sandine, W. E. und Elliker, P. R. (1974) Lyophilized Lactic Acid Starter Culture Concentrates: Preparation and Use in Inoculation of Vat Milk for Cheddar and Cottage Cheese. Journal of Dairy Science, 57, 165-173.

Stack, H. M., Kearney, N., Stanton, C., Fitzgerald, G. F. und Ross, R. P. (2010) Association of beta-glucan endogenous production with increased stress tolerance of intestinal lactobacilli. Appl Environ Microbiol, 76, 500 - 507.

Stanley, G. (1977) Manufacture of starters: the manufacture of starters by batch fermentation and centrifugation to produce concentrates. International Journal of Dairy Technology, 30, 36-39.

Steinberger, R. E., Allen, a. R., Hansa, H. G. und Holden, P. a. (2002) Elongation correlates with nutrient deprivation in Pseudomonas aeruginosa-unsaturates biofilms. Microbial ecology, 43, 416-423.

Streeter, J. G. (2003) Effect of trehalose on survival of Bradyrhizobium japonicum during desiccation. J Appl Microbiol, 95, 484-491.

Streit, F., Delettre, J., Corrieu, G. und Beal, C. (2008) Acid adaptation of Lactobacillus delbrueckii subsp. bulgaricus induces physiological responses at membrane and cytosolic levels that improves cryotolerance. J Appl Microbiol, 105, 1071 - 1080.

Sugimoto, S., Abdullah Al, M. und Sonomoto, K. (2008) Molecular chaperones in lactic acid bacteria: physiological consequences and biochemical properties. J Biosci Bioeng, 106, 324-336.

Sumeri, I., Arike, L., Stekolštšikova, J., Uusna, R., Adamberg, S., Adamberg, K. und Paalme, T. (2010) Effect of stress pretreatment on survival of probiotic bacteria in gastrointestinal tract simulator. Applied Microbiology and Biotechnology, 86, 1925-1931.

Taranto, M. P., Fernandez Murga, M. L., Lorca, G. und de Valdez, G. F. (2003) Bile salts and cholesterol induce changes in the lipid cell membrane of Lactobacillus reuteri. J Appl Microbiol, 95, 86 - 91.

Teera-Arunsiri, A., Suphantharika, M. und Ketunuti, U. (2003) Preparation of Spray-Dried Wettable Powder Formulations of Bacillus thuringiensis-Based Biopesticides. Journal of Economic Entomology, 96, 292-299.

Teixeira, P., Castro, H., Mohacsi-Farkas, C. und Kirby, R. (1997) Identification of sites of injury in Lactobacillus bulgaricus during heat stress. J Appl Microbiol, 83, 219-226.

Teter, S. A., Houry, W. A., Ang, D., Tradler, T., Rockabrand, D., Fischer, G., Blum, P., Georgopoulos, C. und Hartl, F. U. (1999) Polypeptide flux through bacterial Hsp70: DnaK cooperates with trigger factor in chaperoning nascent chains. Cell, 97, 755-765.

Timasheff, S. N. (2002) Protein-solvent preferential interactions, protein hydration, and the modulation of biochemical reactions by solvent components. Proc Natl Acad Sci U S A, 99, 9721-9726.

To, B. C. S. und Etzel, M. R. (1997) Spray Drying, Freeze Drying, or Freezing of Three Different Lactic Acid Bacteria Species. Journal of Food Science, 62, 576-578.

Torino, M. I., Taranto, M. P., Sesma, F. und de Valdez, G. F. (2001) Heterofermentative pattern and exopolysaccharide production by Lactobacillus helveticus ATCC 15807 in response to environmental pH. J Appl Microbiol, 91, 846-852.

Török, Z., Horvath, I., Goloubinoff, P., Kovacs, E., Glatz, A., Balogh, G. und Vigh, L. (1997) Evidence for a lipochaperonin: association of active protein-folding GroESL oligomers with lipids can stabilize membranes under heat shock conditions. Proc Natl Acad Sci U S A, 94, 2192-2197.

Trevisi, P., De Filippi, S., Minieri, L., Mazzoni, M., Modesto, M., Biavati, B. und Bosi, P. (2008) Effect of fructo-oligosaccharides and different doses of Bifidobacterium animalis in a weaning diet on bacterial translocation and Toll-like receptor gene expression in pigs. Nutrition, 24, 1023-1029.

Trofimova, Y., Walker, G. und Rapoport, A. (2010) Anhydrobiosis in yeast: influence of calcium and magnesium ions on yeast resistance to dehydration–rehydration. FEMS Microbiology Letters, 308, 55-61.

Tsvetkov, T. und Shishkova, I. (1982) Studies on the effects of low temperatures on lactic acid bacteria. Cryobiology, 19, 211-214.

Tuomola, E., Crittenden, R., Playne, M., Isolauri, E. und Salminen, S. (2001) Quality assurance criteria for probiotic bacteria. The American journal of clinical nutrition, 73, 393S-398S.

van de Guchte, M., Serror, P., Chervaux, C., Smokvina, T., Ehrlich, S. D. und Maguin, E. (2002) Stress responses in lactic acid bacteria. Antonie Van Leeuwenhoek, 82, 187-216.

van Lengerich, B. (1998) Embedding and encapsulation of controllend release particle. WO9818610.

van Lengerich, B. (1999) Encapsulation of components into edible products WO9948372.

van Lengerich, B. (2000) Encapsulation of sensitive liquid components into a matrix to obtain discrete shelf-stable particles. WO0021504.

van Lengerich, B. (2002) Encapsulation of sensitive components into a matrix to obtain discrete shelf-stable particles WO0125414.

van Lengerich, B. (2004) Encapsulation of components into edible products. US6723358.

van Lengerich, B. und Lakkis, J. (2001) Production of oil encapsulated minerals and vitamins in a glassy matrix. WO0197637.

van Schaik, W. und Abee, T. (2005) The role of sigmaB in the stress response of Gram-positive bacteria -- targets for food preservation and safety. Curr Opin Biotechnol, 16, 218-224.

van Tassell, M. L. und Miller, M. J. (2011) Lactobacillus Adhesion to Mucus. Nutrients, 3, 613-636.

Viernstein, H., Raffalt, J., Polheim, D., Nedovic, V. und Willaert, R. (2005) Stabilisation of Probiotic Microorganisms. Applications of Cell Immobilisation Biotechnologyl, 8B (Eds, Hofman, M., Anna, J., Cuyper, M. und Bulte, J. W. M.) Springer Netherlands, 439-453.

von Holt, A. (2004) Stabilisierung von Probiotika durch Fetteinbettung. , Dissertation, Mathematisch-Naturwissenschaftlichen-Fakultät, Christian-Albrechts-Universität.

von Wright, A. (2005) Regulating the safety of probiotics--the European approach. Curr Pharm Des, 11, 17-23.

Wadström, T., Andersson, K., Sydow, M., Axelsson, L., Lindgren, S. und Gullmar, B. (1987) Surface properties of lactobacilli isolated from the small intestine of pigs. J Appl Bacteriol, 62, 513-520.

Walther, G. (2005) Dispergieren von Lipiden in Lebensmittelmatrizes durch Kaltextrusion, Fakultät für Prozesswissenschaften, Technischen Universität Berlin.

Wang, Y., Delettre, J., Guillot, A., Corrieu, G. und Beal, C. (2005) Influence of cooling temperature and duration on cold adaptation of Lactobacillus acidophilus RD758. Cryobiology, 50, 294 - 307.

Webb, M. (1949) The Influence of Magnesium on Cell Division. Journal of General Microbiology, 3, 410-417.

Webb, M. (1953) Effects of magnesium on cellular division in bacteria. Science, 118, 607-611.

Welsh, D. T. (2000) Ecological significance of compatible solute accumulation by micro-organisms: from single cells to global climate. FEMS Microbiol Rev, 24, 263-290.

Wesche, A. M., Gurtler, J. B., Marks, B. P. und Ryser, E. T. (2009) Stress, sublethal injury, resuscitation, and virulence of bacterial foodborne pathogens. J Food Prot, 72, 1121-1138.

Wesenfeld, J. (2005) Vitalität und Stabilität von probiotischen Mikroorganismen nach der Gefriertrocknung (Lyophilisation). Dissertation, Fakultät für Prozesswissenschaften, Technische Universität Berlin.

Whatmore, A. M. und Reed, R. H. (1990) Determination of turgor pressure in Bacillus subtilis: a possible role for K+ in turgor regulation. J Gen Microbiol, 136, 2521-2526.

Whatmore, A. M., Chudek, J. A. und Reed, R. H. (1990) The effects of osmotic upshock on the intracellular solute pools of Bacillus subtilis. J Gen Microbiol, 136, 2527-2535.

Whitaker, R. D. und Batt, C. A. (1991) Characterization of the Heat Shock Response in Lactococcus lactis subsp. lactis. Appl. Environ. Microbiol., 57, 1408-1412.

Wright, C. T. und Klaenhammer, T. R. (1981) Calcium-Induced Alteration of Cellular Morphology Affecting the Resistance of Lactobacillus acidophilus to Freezing. Appl Environ Microbiol, 41, 807-815.

Wright, C. T. und Klaenhammer, T. R. (1983a) Influence of Calcium and Manganese on Dechaining of Lactobacillus bulgaricus. Appl Environ Microbiol, 46, 785-792.

Wright, C. T. und Klaenhammer, T. R. (1983b) Survival of Lactobacillus bulgaricus During Freezing and Freeze-Drying After Growth in the Presence of Calcium. Journal of Food Science, 48, 773-777.

Wright, C. T. und Klaenhammer, T. R. (1984) Phosphated Milk Adversely Affects Growth, Cellular Morphology, and Fermentative Ability of Lactobacillus bulgaricus. J. Dairy Sci., 67, 44-51.

Xu, G., Chu, J., Wang, Y., Zhuang, Y., Zhang, S. und Peng, H. (2006) Development of a continuous cell-recycle fermentation system for production of lactic acid by Lactobacillus paracasei. Process Biochemistry, 41, 2458-2463.

Yancey, P. H. (2001) Water Stress, Osmolytes and Proteins. American Zoologist, 41, 699-709.

Young, K. D. (2006) The Selective Value of Bacterial Shape. Microbiol. Mol. Biol. Rev., 70, 660-703.

Zdenek, H. I. (2003) Protectants used in the cryopreservation of microorganisms. Cryobiology, 46, 205-229.

Zhao, L. und Zhang, Z. (2004) Mechanical Characterization of Biocompatible Microspheres and Microcapsules by Direct Compression. Artificial Cells, Blood Substitutes and Biotechnology, 32, 25-40.

Zhao, W.-y., Li, H., Wang, H., Li, Z.-c. und Wang, A.-l. (2009) The Effect of Acid Stress Treatment on Viability and Membrane Fatty Acid Composition of Oenococcus oeni SD-2a. Agricultural Sciences in China, 8, 311-316.

Zuidam, N. J., Shimoni, E., Zuidam, N. J. und Nedovic, V. (2010) Overview of Microencapsulates for Use in Food Products or Processes and Methods to Make Them. Encapsulation Technologies for Active Food Ingredients and Food Processingl, Springer New York, 3-29.

9.2. Abbildungsverzeichnis

Abb. 1: Graphische Darstellung unterschiedlicher Schutzeffekte auf die Phospholipiddoppelschicht [aus Santivarangkna *et al.*, 2008]. 10

Abb. 2: Darstellung der vier physiologischen Zustände von Mikroorganismen. 20

Abb. 3: Schematische Darstellung der Bakterienverkapselung am gleichlaufenden Doppelschneckenextruder ZSK25. 27

Abb. 4: Phasenkontrastaufnahmen von *Lb. acidophilus* nach Kultivierung für 16 h bei 37°C in GEM (generell essbares Medium) mit unterschiedlichen Peptonen. 35

Abb. 5: Zellkonzentrationen und KBE von *Lb. acidophilus* nach Kultivierung für 16 und 26 h in GEM mit unterschiedlichen Peptonen. 35

Abb. 6: Zellkonzentration und mittleres Zellvolumen von *Lb. acidophilus* nach Kultivierung für 16 h in unterschiedlichen Nährmedien. 36

Abb. 7: Hydrophobizitätstest (*MATH, Microbial Adherence to Hydrocarbon*) von dreifach gewaschenen *Lb. acidophilus* Zellen, welche in drei unterschiedlichen Medien für 16 h kultiviert wurden. 39

Abb. 8: Einfluss unterschiedlicher Nährmedien auf die Zellkonzentration (A) und das mittlere Zellvolumen (B) von unterschiedlichen Lactobacillus Stämmen. 41

Abb. 9: Einfluss des Restwassergehaltes auf die Überlebensrate von gelagerten *Lb. acidophilus* 45

Abb. 10: Einfluss der Wachstumsphase auf die Stabilität von *Lb. acidophilus* während der Gefriertrocknung und anschließenden Lagerung. 46

Abb. 11: Linearisierte Auftragung der D-Werte von gefriergetrockneten *Lb. acidophilus* Präparaten gegen die Lagertemperatur. 47

Abb. 12: Partikelverteilung von *Lb. acidophilus* kultiviert in GEM$_{(Sojapepton, Serva)}$ (A), GEM$_{(Pepton No.3)}$ (B), MRSD$_{(Pepton No.3)}$ (C) und zum Vergleich des originalen Danisco Präparates (Yo-Mix^{TM}) (D) sowie Phasenkontrastaufnahmen der jeweiligen Kulturen. 49

Abb. 13: Lagerstabilität von gefriergetrockneten *Lb. acidophilus* Präparaten, welche in unterschiedlichen Medien kultiviert wurden. 50

Abb. 14: Einfluss ausgewählter Temperaturbehandlungen auf die Stabilität von *Lb. acidophilus* während der Gefriertrocknung. 52

Abb. 15: Einfluss einer gekühlten Lagerung von nativer *Lb. acidophilus* Kulturbrühe sowie in LyoA überführtes Zellkonzentrat auf die Viabilität. 54

Abb. 16: Lebendzellkonzentration von *Lb. acidophilus* während und nach der Verkapselung in einem Teig aus 50 % Durum und 50 % Stärke. 55

Abb. 17: Einfluss der Extrusion und der Trocknung auf die Lebendzellkonzentration verkapselter *Lb. acidophilus* Zellen. 56

Abb. 18: Lebendzellkonzentration von *Lb. acidophilus* während und nach der Verkapselung in einem Teig aus 50 % Durum und 50 % nativer Stärke sowie der anschließenden Lagerung in trockener Form. 57

Abb. 19: Darstellung unterschiedlicher Versuchsbedingungen: Variation der Massenflüsse und Düsenspezifikationen und deren Einfluss auf die Produkttemperatur und den Druck vor der Düsenplatte während der Extrusion. 58

Abb. 20: Mittlere Überlebensraten von *Lb. acidophilus* ± SA während der Verkapselung in einer Durum-Matrix bei unterschiedlichen Prozessbedingungen. 59

Abb. 21: Abnahme der Lebendzellkonzentration während der Verkapselung von *Lb. acidophilus* Kulturbrühe in einen Durum Teig und anschließender Trocknung und Lagerung. 60

Abb. 22: Einfluss der Teigherstellung und wiederholter Extrusionen auf die Lebendzellkonzentration von *Lb. acidophilus*. 61

Abb. 23: Einfluss von 0,34%iger (g/g_{Teig}) VitC-Zugabe sowie unterschiedlicher Trocknungszeiten während der Prozessierung und Lagerung von extrudierten *Lb. acidophilus* Präparaten. 63

Abb. 24: Einfluss des Verkapselungsprozesses und wiederholter Extrusionen auf die Lebendzellkonzentration von *Lb. acidophilus*. 65

Abb. 25: Einfluss der Immobilisierung, unterschiedlicher Trocknungszeiten und der Lagerung bei 4 und 37°C von *Lb. acidophilus* Präparaten. 66

Abb. 26: Einfluss der unterschiedlichen Prozessschritte auf die Viabilität von mit Glycerol und Kokosnussöl vorbehandelten *Lb. acidophilus*. 67

Abb. 27: Abnahme der Lebendzellkonzentration während der Lagerung von mit Glycerol und Kokosnussfett vorbehandelten und verkapselten *Lb. acidophilus* Präparaten in trockener Form. 68

Abb. 28: Direkter Vergleich der Bakterienstabilität von mit Glycerol und Fett vorbehandelter GEM- und MRSD-Kulturen während der Verkapselung und Lagerung. 69

Abb. 29: Einfluss modifizierter Teigherstellungsverfahren auf die Abnahme der Lebendzell-konzentration während der Teigherstellung, Extrusion und Trocknung von Lyophilisaten. 71

Abb. 30: Einfluss des Extrusionsprozesses während der Verkapselung von mit Glycerol und Fett vorbehandelten *Lb. acidophilus* Lyophilisaten bei unterschiedlichen Wassergehalten sowie der anschließenden Trocknung. 72

Abb. 31: Einfluss erhöhter Konzentrationen an Glycerol und Kokosfett auf die Viabilität von *Lb. acidophilus* nach 15minütiger Inkubation bei Raumtemperatur. 73

9.3. Tabellenverzeichnis

Tab. 1: Wirtschaftlicher Marktwert von durch Milchsäurebakterien fermentierter sowie probiotischer Produkte..................2

Tab. 2: Matrizes zur Stabilisierung von *Lb. acidophilus* während der Gefriertrocknung..................22

Tab. 3: Komponenten für die Herstellung von Extrudaten..................22

Tab. 4: Lactobacillaceae aus der Stammsammlung des Forschungsinstituts für Mikrobiologie der Versuchs- und Lehranstalt für Brauerei Berlin..................23

Tab. 5: MRS-Medien unterschiedlicher Fabrikate..................24

Tab. 6: Inhaltsstoffe im GEM *(general edible medium)*..................24

Tab. 7: B_{12} Assay Medium..................24

Tab. 8: Untersuchte Peptone..................25

Tab. 9: Schutzwirkung unterschiedlicher Formulierungen während der Gefriertrocknung und der anschließenden Lagerung von *Lb. acidophilus* Präparaten..................43

Tab. 10: Einfluss des Nährmediums und der Schutzmatrix auf die Überlebensrate von *Lb. acidophilus* während der Gefriertrocknung..................43

Tab. 11: Zusammenhang zwischen der Restfeuchte und Lagerstabilität von gefriergetrockneten *Lb. acidophilus* Präparaten..................44

Tab. 12: Temperaturabhängigkeit der Lagerstabilität von gefriergetrockneten *Lb. acidophilus* Präparaten. ...47

Tab. 13: D-Werte von Hitzestress induzierten und lyophilisierten *Lb. acidophilus* Präparaten während der Lagerung..................52

Tab. 14: Zusammenfassende Betrachtung ausgewählter Lagerversuche..................90

9.4. Abkürzungsverzeichnis

Abkürzung	Bezeichnung / Beschreibung
Abw.	Abweichung
ASLT	*accelerated shelf life test*, beschleunigter Haltbarkeitstest
a_W	Wasseraktivität
BD	Becton Dickinson GmbH
BS	Bakteriensuspension
BVL	Bundesamt für Verbraucherschutz und Lebensmittelsicherheit
CM	Cytoplasmamembran
D_x-Wert	dezimale Reduktionszeit bei einer bestimmten Temperatur x [h]
D	Düse
deion.	deionisiert
DNA	Desoxyribonukleinsäure
DnaJ	Bezeichnung für ein spezielles Hitzeschockprotein
DnaK,	Bezeichnung für ein spezielles Hitzeschockprotein
DVS	*direct-to-vat set cultures*, Starterkultur zum direkten Beimpfen
EFSA	europäische Behörde für Lebensmittelsicherheit
Extr.	Extrusion
Fa.	Firma
FAO	Ernährungs- und Landwirtschaftsorganisation
G	Gehäusesegment
GEM	*general edible medium*, allgemein essbares Medium
GroEL	Bezeichnung für ein spezielles Hitzeschockprotein
GroES	Bezeichnung für ein spezielles Hitzeschockprotein
GrpE	Bezeichnung für ein spezielles Hitzeschockprotein
h	Stunden
HeLa	nach Henrietta Lacks benannte Zelllinie
HtrA	Bezeichnung für eine spezielle Protease
KBE	Kolonie bildende Einheit
KP	Kopfplatte
LAB	*lactic acid bacteria*, Milchsäurebakterien
L/D-ratio	normiertes Längen-Durchmesser-Verhältnis
LOT	LOT-Nummer einer Produktcharge
LyoA A, E, F, H, I	Bezeichnungen für unterschiedliche Schutzmatrizes
m	Masse [g]
$\dot{m}$	Massenstrom [g/min]
M	Motor
MA	mittlere Abweichung aus zwei Werten

MATH	*microbial adherence to hydrocarbon,* Adhärenz von Mikroorganismen an Hydrocarbonen
MRSA	MRS Medium der Fa. Applichem GmbH
MRSR	MRS Medium der Fa. Carl Roth GmbH
MRSS (Glc)	MRS Medium der Fa. Scharlau Chemie S.A., mit zugesetzter Glukose
MRSS (Lac)	MRS Medium der Fa. Scharlau Chemie S.A., mit zugesetzter Laktose
MZV	mittleres Zellvolumen [μm^3]
N	Lebendzellkonzentration [1/ml oder g]
N_0	Lebendzellkonzentration vor der Prozessierung [1/ml oder g]
n.d.	nicht detektiert
NDS	*nutrient deficient streptococci,* Streptokokken mit besonderen Nährstoffansprüchen
OD_{600nm}	optische Dichte bei einer Wellenlänge von 600nm
PD	Produktdruck [bar]
PN100	Bezeichnung für den Pastaextruder Typ PN100
PT	Produkttemperatur [°C]
rel. LF	relative Luftfeuchtigkeit [$g_{H2O}/g_{H2O \text{ bei Luftsättigung}}$]
RF	Restfeuchte [$g_{H2O}/g_{Trockenmasse}$]
ROS	*reactive oxygen species,* reaktive Sauerstoffspezies
SA	Standardabweichung
sHsp	*small heat shock protein,* kleines Hitzeschockprotein
SME	spezifische mechanische Energieeinleitung [Wh/kg]
T	Temperatur [°C]
T_g	Glasübergangstemperatur [°C]
T_m	Phasenübergangs- oder auch Schmelztemperatur [°C]
Tr.	Trocknung
Tre	Trehalose
UPEC	uropathogene *Escherichia coli*
V	Volumen [ml]
VF	Verdünnungsfaktor
VitC	Vitamin C (Ascorbinsäure)
VTT	*Technical Research Centre of Finland*
WHO	Weltgesundheitsorganisation
Z	Zwischenflansch
ZK	Zellkonzentration [1/ml]
ZSK25	Bezeichnung für den Extruder Typ ZSK25
ρ	Dichte [g/ml]

10. Anhang

Anhang 1 Bestimmung Kolonie bildender Einheiten 113

Anhang 2 Wachstumskurve von *Lb. acidophilus* NCFM 113

Anhang 3 Tween 80 als Wachstumsfaktor 113

Anhang 4 Kultivierung von *Lb. acidophilus* in unterschiedlichen Medien 114

Anhang 5 Charakterisierung des Calciumeinflusses 115

Anhang 6 Kultivierungsversuche anderer Lactobacillus Stämme 117

Anhang 7 Charakterisierung unterschiedlicher Lyo- und Kryoprotektiva 118

Anhang 8 Einfluss von Pepton auf die Lagerstabilität 118

Anhang 9 Charakterisierung der Temperaturbehandlung 119

Anhang 10 Gefrierstabilität temperaturbehandelter Zellen 120

Anhang 11 Mikroverkapselung am ZSK25 (1) 121

Anhang 12 Mikroverkapselung am ZSK25 (2) 122

Anhang 13 Verkapselung von *Lb. acidophilus*: Einfluss von VitC und des pH-Wertes 123

Anhang 14 Überlebensrate von flüssigen *Lb. acidophilus* nach wiederholten Extrusionen 124

Anhang 15 Verkapselung von Lyophilisat 125

Anhang 16 Zusammenfassung der Verkapselungsversuche am Pastaextruder 126

Anhang 17 Nährwertangaben unterschiedlicher Peptone 129

Anhang 18 Technische Daten der Extruderanlage ZSK25 130

Anhang

Anhang 1 Bestimmung Kolonie bildender Einheiten

Tab. A 1: Einfluss einer anaeroben und aeroben Bebrütung von Agarplatten mit *Lb. acidophilus* auf die Lebendzellkonzentration.
Die Bakterien wurden für 6 h in MRSD kultiviert und jeweils als Dreifachansatz auf MRSD-Agarplatten ausplattiert. Die Schaffung der anaeroben Schutzatmosphäre erfolgte in einer Anaerobenkammer mittels Anaerocult A® (Merck KGaA, Darmstadt, Deutschland).

Inkubation	Lebendzellkonzentration [KBE/ml]		SA [KBE/ml]
aerob	$5{,}03 * 10^8$	±	$0{,}29 * 10^8$
anaerob	$4{,}67 * 10^8$	±	$1{,}00 * 10^8$

Anhang 2 Wachstumskurve von *Lb. acidophilus* NCFM

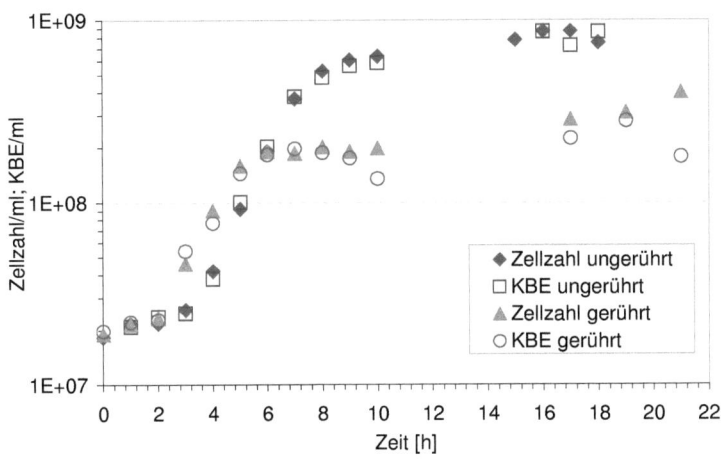

Abb. A 1: Wachstumskurve von *Lb. acidophilus* in MRSD bei 37°C bei stetig gerührter und ungerührter Fermentation modifiziert nach (Permjakow (2011).
Im gerührten Ansatz wurde eine mit Magnetrührer ausgestattete 500 ml Schottflasche, die mit 500 ml temperiertem MRSD gefüllt war, mit 2 % (v/v) Vorkultur beimpft und unter stetigem Rühren im 37°C Brutschrank inkubiert und regelmäßig Proben genommen. Für die Aufnahme der Wachstumskurve einer ungerührten Kultur wurden mehrere, mit MRSD befüllte Schraubröhrchen zu je 10 ml angesetzt und ebenfalls mit 2 % Vorkultur beimpft. Für jede Probenahme wurde je ein Röhrchen verwendet. Jeder der beiden Versuchsansätze wurde zeitversetzt mit derselben Vorkultur beimpft, so dass ein breiteres Spektrum an Wachstumszeiten erfasst wurde.

Anhang 3 Tween 80 als Wachstumsfaktor

Tab. A 2: Einfluss von unterschiedlichen Konzentrationen an Tween 80 nach Kultivierung von *Lb. acidophilus* in GEM.
Die Kulturen wurden in Dreifachbestimmung für 16 h bei 37°C in Standkultur gezüchtet.

Medium	Zellkonzentration [1/ml]		SA [1/ml]	End-pH-Wert
GEM ohne Tween 80	$0{,}49 * 10^8$	±	$0{,}10 * 10^8$	4,52
GEM + 0,05 % (w/v) Tween 80	$6{,}04 * 10^8$	±	$1{,}77 * 10^8$	3,95
GEM + 0,1 % (w/v) Tween 80	$5{,}25 * 10^8$	±	$0{,}72 * 10^8$	3,85
GEM + 0,2 % (w/v) Tween 80	$5{,}17 * 10^8$	±	$1{,}83 * 10^8$	3,80

Anhang 4 Kultivierung von *Lb. acidophilus* in unterschiedlichen Medien

Tab. A 3: Zusammenfassende Daten der Kultivierungsversuche und Partikelanalysen von *Lb. acidophilus* in unterschiedlichen Medien. Die Kulturen wurden für 16 h bei 37°C, ohne pH-Regulierung in Standkulturen bebrütet. Der Messbereich der Partikelanalyse lag im Durchschnitt zwischen 0,3 und 12 µm³.
(1) Für Zweifachbestimmungen ist die Mittelabweichung, für Mehrfachbestimmungen die Standardabweichung angegeben.
(2) Die Abweichungen des mittleren Zellvolumens wurden aus den jeweiligen SA nach dem Gaussschen Fehlerfortpflanzungsgesetz ermittelt.

Medium	Zugesetztes Pepton, Firma	Anzahl der Experimente	Mittlere Zellkonzentration [10^8/ml]	± Abw. (1) [10^8/ml]	Mittleres Zellvolumen [µm³]	± Abw. (2) [µm³]	Durchschnittliches Längen-Durchmesser-Verhältnis	± Abw. (1)
B_{12} Assay Medium	-	1	0,07		3,95	2,26	5,36	0,00
MRSR	-	2	0,28	0,02	2,61	1,30	3,66	0,01
GEM	Sojapepton, Difco™	1	0,70	0,00	2,69	3,61	3,76	0,00
GEM	Sojapepton, Fluka	1	0,86	0,00	3,28	3,42	4,51	0,00
GEM	Casiton, Merck	1	1,63	0,00	2,63	2,86	3,68	0,00
GEM (+Mn,Mg,Ca)	Sojapepton, Serva	2	3,37	0,03	2,80	1,67	3,89	0,08
GEM	Sojapepton, Serva	8	3,56	0,60	2,46	1,45	3,47	0,42
10% Magermilch	-	5	3,88	1,53	1,48	0,78	2,22	0,08
GEM	Bacto™ Tryptone, BD	2	4,37	0,71	2,51	1,49	3,31	0,22
MRSS (Glc)	-	2	5,65	0,06	1,77	0,86	2,58	0,01
MRSS (Lac)	-	2	5,85	0,23	1,68	0,87	2,47	0,00
MRSA	-	2	7,71	0,10	1,64	0,72	2,42	0,01
GEM	Peptone No. 3, Difco™	2	8,08	0,02	1,35	0,70	2,05	0,17
MRSD		4	10,16	1,27	1,38	0,66	2,09	0,31

Anhang 5 Charakterisierung des Calciumeinflusses

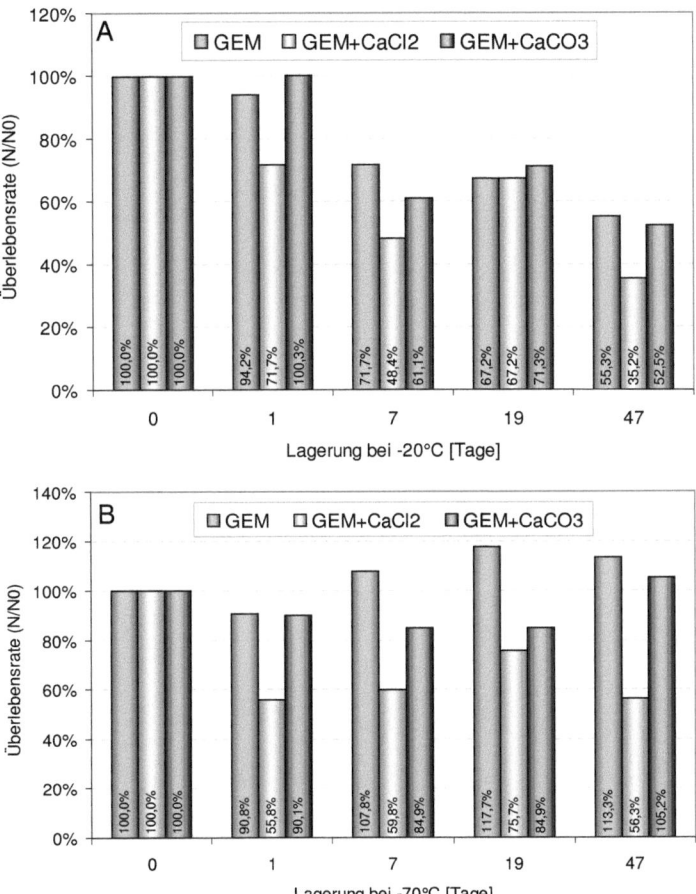

Abb. A 2: Überlebensraten von *Lb. acidophilus* nach dem Einfrieren und Lagerung bei -20°C (A) und -70°C (B).
Die Bakterien wurden in GEM mit unterschiedlichen Calciumderivaten kultiviert und nach 8 h in Magermilch überführt und in 1 ml Portionen eingefroren. Die mittleren Startkonzentrationen betrugen 2,9 (GEM), 4,0 (GEM+CaCl$_2$) und 3,8 (GEM+CaCO$_3$) *10^8 KBE/ml.

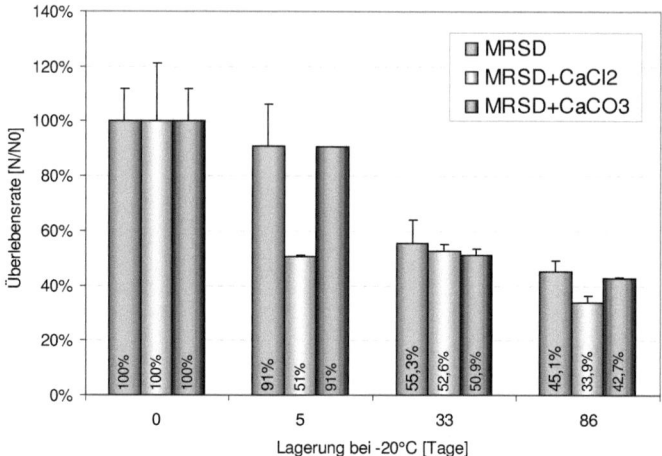

Abb. A 3: Überlebensraten (± SA) von *Lb. acidophilus* nach dem Einfrieren und Lagerung bei -20°C.
Die Bakterien wurden in MRSD mit unterschiedlichen Calciumderivaten kultiviert, nach 12 h in Magermilch überführt und in 1 ml Portionen eingefroren. Die mittleren Startkonzentrationen betrugen 1,2 (MRSD), 1,6 (MRSD+CaCl$_2$) und 1,8 (MRSD+CaCO$_3$) *10^9 KBE/ml.

Anhang

Anhang 6 Kultivierungsversuche anderer Lactobacillus Stämme

Tab. A 3: Zusammengefasste Wachstumseigenschaften unterschiedlicher Lactobacillus Stämme nach 16-stündiger Fermentation bei 37°C in unterschiedlichen Nährmedien.
Die Daten stammen aus unterschiedlichen Experimenten, daher wurde nicht jeder Stamm in allen Medien kultiviert.

Stamm	Medium	Zellkonzentration [10^8/ml]	Mittleres Zellvolumen [µm³]	SA ± [µm³]	L/D-Verhältnis
Lb. acidophilus NCFM	GEM (Sojapepton)	3,56	2,46	1,45	3,47
	MRSD	10,16	1,38	0,66	2,09
	GEM (Peptone No.3)	8,08	1,35	0,70	2,05
	10 % Magermilch	3,88	1,48	0,78	2,22
Lb. acidophilus 0105	GEM (Sojapepton)	2,84	2,88	1,82	4,00
	MRSD	7,36	2,77	1,67	3,86
	10 % Magermilch	n.d.	1,39	0,70	2,11
Lb. rhamnosus (ATCC 7469)	GEM (Sojapepton)	6,05	1,09	0,56	1,72
	MRSD	23,86	1,47	0,67	2,21
	10 % Magermilch	n.d.	0,48	0,74	0,94
Lb. rhamnosus GG (ATCC 53103)	GEM (Sojapepton)	1,70	7,04	3,69	9,30
	MRSD	4,11	7,56	4,13	9,96
	10 % Magermilch	n.d.	5,50	4,33	7,34
Lb. johnsonii La1 (= Lactobacillus LC1)	GEM (Sojapepton)	8,39	2,46	1,27	3,47
	MRSD	0,29	2,00	1,65	2,88
	GEM (Peptone No.3)	5,53	2,86	1,36	3,98
Lb. salivarius 2001	GEM (Sojapepton)	14,17	0,94	0,46	1,53
	MRSD	15,52	1,74	0,87	2,55
	GEM (Peptone No.3)	9,17	1,06	0,59	1,68
Lb. delbrueckii subsp. lactis (ATCC 4797)	MRSD	3,40	3,28	1,94	4,51
	GEM (Peptone No.3)	3,10	3,12	2,30	4,31
	10 % Magermilch	0,46	1,40	0,92	2,12
Lb. delbrueckii subsp. lactis (Lb0901)	GEM (Sojapepton)	10,39	0,82	0,55	1,38
	MRSD	31,94	0,57	0,30	1,06
	GEM (Peptone No.3)	8,11	0,78	0,45	1,33
	10 % Magermilch	1,89	0,74	0,36	1,28
Lb. delbrueckii subsp. bulgaricus (ATCC 11842)	GEM (Sojapepton)	4,14	1,81	1,05	2,64
	MRSD	3,39	2,84	1,67	3,95
	GEM (Peptone No.3)	1,54	2,52	1,49	3,54
	10 % Magermilch	0,71	2,56	1,54	3,59

Anhang 7 Charakterisierung unterschiedlicher Lyo- und Kryoprotektiva

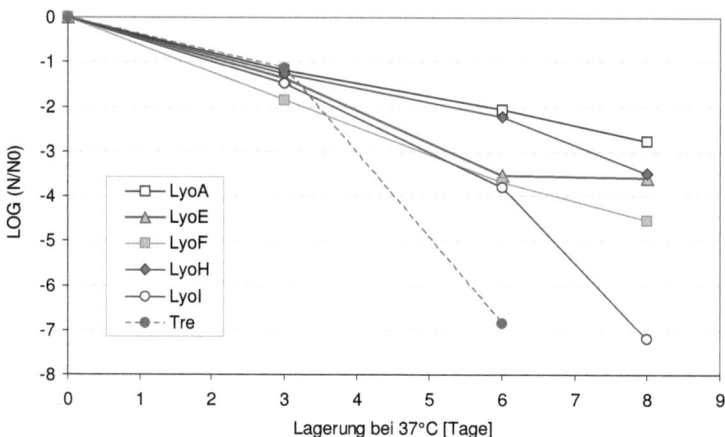

Abb. A 4: Absterberaten von *Lb. acidophilus* Präparaten, welche in unterschiedlichen Schutzstoffen lyophilisiert wurden, während der Lagerung bei 37°C.
Die ursprüngliche Lebendzellkonzentration der hergestellten Präparate lag zwischen 0,8-1,2*10^9 KBE/ml.

Anhang 8 Einfluss von Pepton auf die Lagerstabilität

Tab. A 4: Ergebnisse der Lagerversuche von gefriergetrockneten *Lb. acidophilus* Präparaten.
Bakterien wurden für 16 h bei 37°C in den angegebenen Medien kultiviert, in LyoA überführt und anschließend lyophilisiert. Die Lagerung fand unter den angegebenen Atmosphären bei 37°C statt.

Medium	Atmosphäre während der Lagerung	Steilheit der Absterberate	R^2	Mittlere RF nach Gefriertrocknung	Mittlere $D_{37°C}$-Wert
		[LOG(N/N_0)/Tag]		[g_{Wasser}/g_{Probe}]	[h]
GEM (Sojapepton)	rel. LF 11,3 %	y = -0,2918x	0,99	3,36 %	85
GEM (Sojapepton)	wasserdampfdicht	y = -0,1614x	0,98	3,48 %	168
GEM (Peptone No.3)	rel. LF 11,3 %	y = -0,1982x	0,98	3,10 %	115
GEM (Peptone No.3)	wasserdampfdicht	y = -0,1227x	0,88	3,37 %	232
MRS (Peptone No.3)	rel. LF 11,3 %	y = -0,1583x	0,98	3,11 %	161
MRS (Peptone No.3)	wasserdampfdicht	y = -0,0420x	0,87	3,14 %	1048

Anhang 9 Charakterisierung der Temperaturbehandlung

Einfluss der Temperaturhöhe

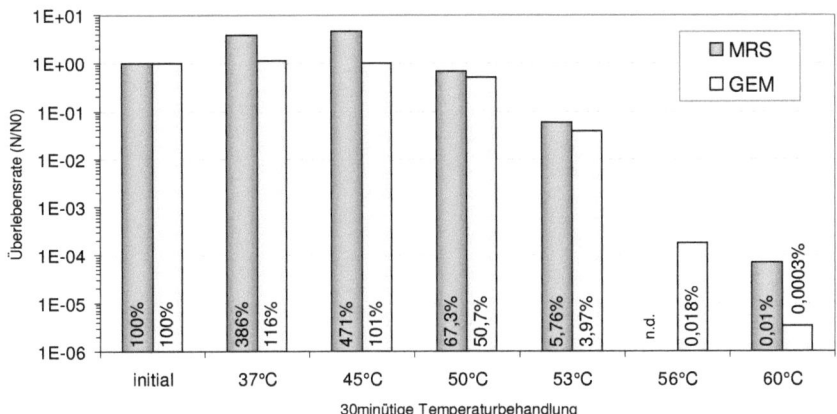

Abb. A 5: Einfluss einer 30minütigen Inkubation von *Lb. acidophilus* bei unterschiedlichen Temperaturen.
Die Startkonzentrationen betrugen $2,2*10^7$ KBE/ml für GEM und $3,0*10^7$ KBE/ml für MRSD.

Einfluss der Inkubationszeit

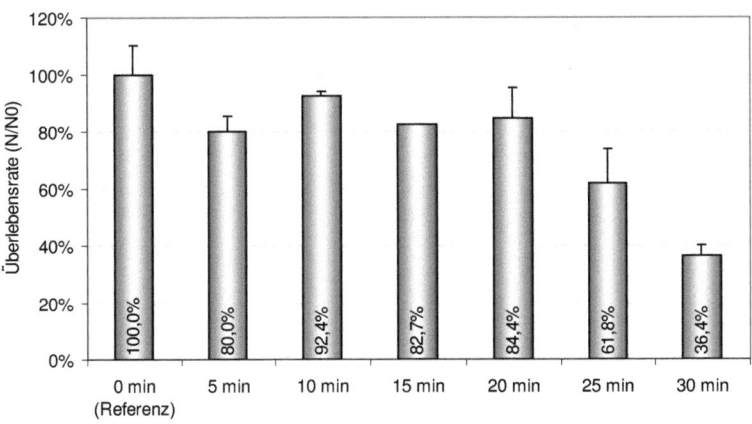

Abb. A 6: Einfluss der Inkubationszeit eines 50°C Temperaturschocks auf die Überlebensrate von *Lb. acidophilus*, kultiviert in MRSD modifiziert nach Permjakow, (2011).

Anhang

Angegeben ist der Mittelwert einer Zweifachbestimmung + MA.

Anhang 10 Gefrierstabilität temperaturbehandelter Zellen

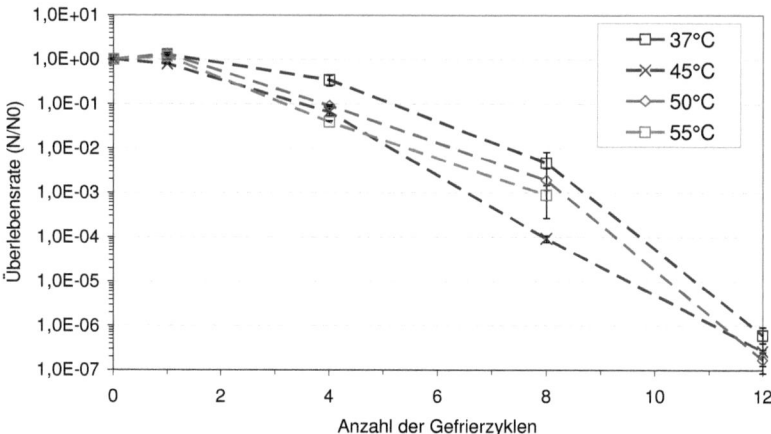

Abb. A 7: Einfluss ausgewählter Temperaturbehandlungen auf die die Stabilität von Lb. acidophilus nach mehrfachen Gerfrierzyklen.
Lb. acidophilus Kulturen (MRSD, 16 h, 37°C, Standkultur) wurden für 20 min bei den angegebenen Temperaturen inkubiert. Für die Gefrierzyklen wurden die Proben bei -20°C eingefroren und bei Raumtemperatur aufgetaut. Daten sind der Mittelwert einer Zweifachbestimmung ± MA. Bei der 55°C Probe konnten nach 12 Gefrierzyklen keine KBE mehr nachgewiesen werden [Permjakow, 2011].

Anhang 11 Mikroverkapselung am ZSK25 (1)

Experiment Nummer:		1	2	3	4	5	6	7	8	9
kalkulierte Wassergehalt	%	33,60%	33,60%	33,60%	33,60%	33,60%	33,60%	33,60%	33,60%	33,60%
Anteil an Brühe	%	28,80%	28,80%	28,80%	28,80%	28,80%	28,80%	28,80%	28,80%	28,80%
Wassergehalt Brühe	%	94,5	94,5	94,5	94,5	94,5	94,5	94,5	94,5	94,5
Gesamtmassenstrom	kg/h	4,8	3,18	1,56	4,8	3,18	1,56	4,8	3,18	1,56
Wasser	kg/h	4,8	3,2	1,6	4,8	3,2	1,6	4,8	3,2	1,6
	kg/h	0,02	0,01	0,01	0,02	0,01	0,01	0,02	0,01	0,01
Kulturbrühe	kg/h	1,38	0,91	0,45	1,38	0,91	0,45	1,38	0,91	0,45
Pumpeneinstellung	-	11,1	7,45	3,8	11,1	7,45	3,8	11,1	7,45	3,8
Wasser in Kulturbrühe	kg/h	1,304	0,864	0,423	1,304	0,864	0,423	1,304	0,864	0,423
Feststoff in Kulturbrühe	kg/h	0,076	0,05	0,025	0,076	0,05	0,025	0,076	0,05	0,025
Öl	kg/h	0	0	0	0	0	0	0	0	0
Wassergehalt Matrix	g/g	0,09	0,09	0,09	0,09	0,09	0,09	0,09	0,09	0,09
Feststoff aus Matrix	kg/h	4,704	3,116	1,528	4,704	3,116	1,528	4,704	3,116	1,528
Matrix	kg/h	4,8	3,18	1,56	4,8	3,18	1,56	4,8	3,18	1,56
Wasser aus Matrix	kg/h	0,092	0,061	0,03	0,092	0,061	0,03	0,092	0,061	0,03
zusätzlich Wasser	kg/h	0	0	0	0	0	0	0	0	0
Druck	bar	39,53	31,29	25,53	15,7	n.d.	10,5	30,02	26,16	21,23
Schneckendrehzahl	U/min	98,1	74,4	46,4	97,8	n.d.	n.d.	97,4	73,9	48,5
SME	Wh/kg	41,27	37,19	53,7	33,4	n.d.	n.d.	41,02	41,11	42,66
max. Produkttemperatur	°C	60,35	53,5	40,7	44,2	42,2	33,9	48,16	42,6	34,3
Düsendurchmesser	mm	0,5	0,5	0,5	0,8	0,8	0,8	1	1	1
Düsenanzahl	-	124	124	124	124	124	124	40	40	40
Düsenfläche	mm²	24,3	24,3	24,3	62,3	62,3	62,3	31,4	31,4	31,4
spezif. Düsendurchsatz	kg/h/mm²	0,197	0,13	0,064	0,077	0,051	0,025	0,153	0,101	0,05

Anhang 12 Mikroverkapselung am ZSK25 (2)

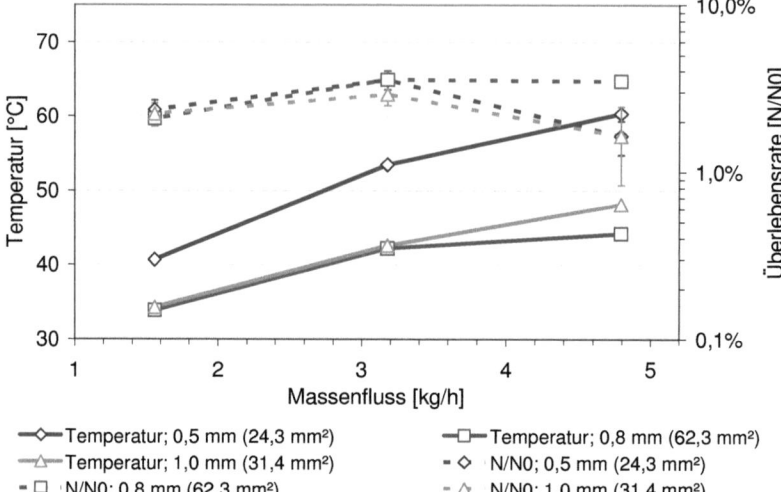

◇ Temperatur; 0,5 mm (24,3 mm²)   □ Temperatur; 0,8 mm (62,3 mm²)
△ Temperatur; 1,0 mm (31,4 mm²)   ◇ N/N0; 0,5 mm (24,3 mm²)
□ N/N0; 0,8 mm (62,3 mm²)   △ N/N0; 1,0 mm (31,4 mm²)

Abb. A 8: Einfluss unterschiedlicher Massenflüsse und Düsenspezifikationen auf die Produkttemperatur und die ermittelte Überlebensrate während der Extrusion eines Durum-Kulturbrühe-Teiges.
Der Teig wurde aus MRSD-Kulturbrühe und Durum mit einem Wassergehalt von 33,6 % hergestellt. In Klammern sind die spezifischen Düsenflächen angegeben.

Anhang 13 Verkapselung von *Lb. acidophilus*: Einfluss von VitC und des pH-Wertes

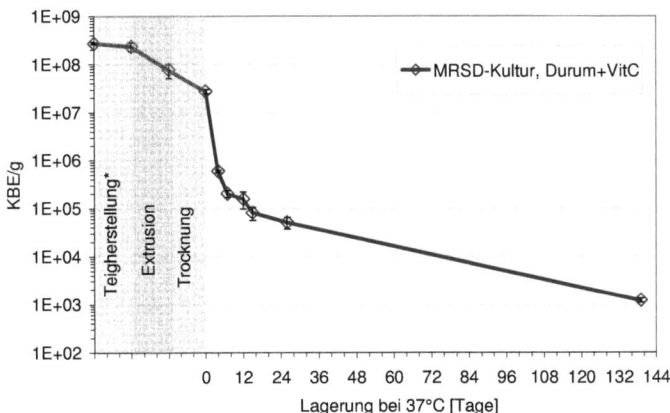

Abb. A 9: Abnahme der Lebendzellkonzentration während des Verkapselungsprozess in einen mit VitC versetzten Durum-Teig und einer anschließenden Lagerung.
Die Bakterien wurden für 16 h bei 37°C in MRSD kultiviert. Die Teigherstellung erfolgte mit Durum, welchem 5 % (g/g$_{Mehl}$) VitC zugesetzt war. Die Lagerung der getrockneten Extrudate erfolgte bei 37°C und einer rel. LF von 11,3 %. Analysen während der Verarbeitung wurden in Dreifachbestimmung, während der Lagerung in Zweifachbestimmung durchgeführt und sind als Mittelwert ± SA bzw. ± MA angegeben. *Werte berücksichtigen die Verdünnung während der Teigherstellung und beziehen sich auf g$_{(Granulat)}$.

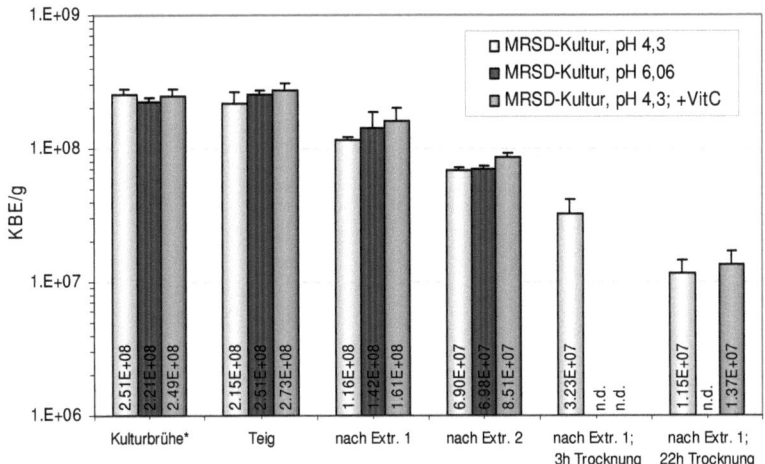

Abb. A 10: Einfluss des pH-Wertes und einer VitC-Zugabe auf die Lebendzellkonzentration während der Verkapselung von *Lb. acidophilus*.
Der Teig wurde jeweils aus einer MRSD-Kulturbrühe und Durum mit einer kalkulierten Restfeuchte von ca. 37,8 % hergestellt. Die Konzentration an Vit.C betrug 0,1 g/100g Durum. Die Restfeuchten betrugen nach der Trocknung bei 30°C im Umluftofen für 3 h 7,9 % und nach 22 h jeweils 6,9 %. Daten sind das Mittel einer Dreifachbestimmung + SA. Die Versuchsdurchführung ist 0 zu entnehmen. *Werte berücksichtigen die Verdünnung während der Teigherstellung und beziehen sich auf g$_{(Granulat)}$.

Anhang 14 Überlebensrate von flüssigen *Lb. acidophilus* nach wiederholten Extrusionen

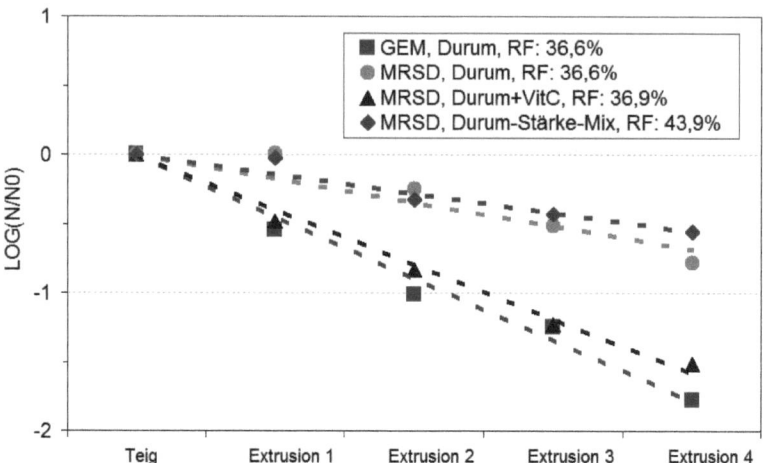

Abb. A 11: Zusammenfassende Betrachtung der Überlebensrate von *Lb. acidophilus* nach wiederholten Extrusionszyklen.
Angegeben sind das jeweilige Fermentationsmedium, die Matrix und die kalkulierte RF im Teig. Daten sind jeweils das Mittel einer Dreifachbestimmung. Der jeweilige Trend der Überlebensrate hat folgende Geradengleichung: MRSD: $y = -0,241x$; $R^2 = 0,8579$; MRSD (+VitC): $y = -0,3963x$; $R^2 = 0,9892$; GEM, RT: $y = -0,448x$; $R^2 = 0,9817$; MRSD (Stärkemix): $y = -0,1408x$; $R^2 = 0,9409$.

Anhang 15 Verkapselung von Lyophilisat

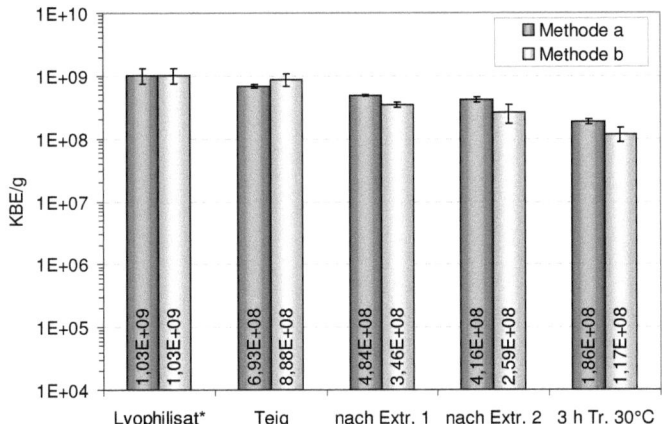

Abb. A 12: Einfluss modifizierter Teigherstellungsverfahren auf die Abnahme der Lebendzellkonzentration während der Teigherstellung, Extrusion und Trocknung von Lyophilisaten.
Die Lyophilisate wurden aus einer MRSD-Kultur und LyoA als Schutzmatrix hergestellt. Die Probenbezeichnung bezieht sich auf die Reihenfolge der Komponentenzugabe während der manuellen Teigherstellung. Methode a: Lyophilisat-Mehl-Gemisch vorgelegt und langsam Wasser zugegeben; b: Wasser vorgelegt und Lyophilisat-Mehl-Gemisch langsam zugegeben. Analysen wurden in Dreifachbestimmung durchgeführt und sind als Mittelwert ± SA angegeben. *Werte berücksichtigen die Verdünnung während der Teigherstellung und beziehen sich auf $g_{(Granulat)}$.

Anhang

Anhang 16 Zusammenfassung der Verkapselungsversuche am Pastaextruder

Kap.-Nr.	Stichwörter	Wassergehalt kalkuliert [%]	Teig, gemessen [%]	feuchtes Extrudat, gemessen [%]	getr. Extrudat, gemessen [%]	KBE bezogen auf g Extrudat Kulturbrühe/-konzentrat* [KBE/g]	Teig [KBE/g]	feuchte Extrudat [KBE/g]	Extrudat nach Trocknung [KBE/g]	Absterberate, einzelner Prozessschritt Effekt Teigherstellung [%]	Effekt Extrusion [%]	Mittel aus Mehrfach-Extrusionen [%]	Effekt Trocknung [%]	Absterberate; Gesamtprozess nach Extrusion [%]	nach Trocknung [%]
	Bakterien: MRSD-Kultur; Matrix: Durum					*Verkapselung von Kulturbrühe oder Bakterienkonzentrat*									
	Extrusion 1	36,58%	-	-	-	2,2E+08	1,7E+08	1,7E+08	-	23,4%	-1,2%		-	22,45%	-
	Extrusion 2	-	-	-	-	-	1,7E+08	9,7E+07	-	-	43,9%		-	-	-
	Extrusion 3	-	-	-	-	-	9,7E+07	5,2E+07	-	-	46,6%	33,7%	-	-	-
5.6.1.2	Extrusion 4	-	-	-	-	-	5,2E+07	2,8E+07	-	-	45,3%		-	-	-
	Bakterien: GEM-Kultur; Matrix: Durum														
	Extrusion 1	36,58%	-	-	-	3,4E+07	1,2E+07	3,3E+06	-	65,0%	71,8%		-	90,11%	-
	Extrusion 2	-	-	-	-	-	3,3E+06	1,1E+06	-	-	65,7%		-	-	-
	Extrusion 3	-	-	-	-	-	1,1E+06	4,1E+05	-	-	64,0%	68,0%	-	-	-
5.6.1.2	Extrusion 4	-	-	-	-	-	6,7E+05	2,0E+05	-	-	70,7%		-	-	-
	Bakterien: MRSD-Kultur; Matrix: Durum														
5.6.1.1	Trocknung	36,58%	-	-	-	2,5E+08	2,2E+08	1,6E+08	2,0E+07	10,8%	28,4%		87,6%	36,14%	92,08%
	Bakterien: MRSD-Kultur; Matrix: Durum; Additiv: Ascorbinsäure (5 g/100g Durum)														
	Extrusion 1	36,90%	37,08%	36,20%	-	2,7E+08	2,3E+08	7,6E+07	2,7E+07	15,2%	67,2%		64,2%	72,18%	90,04%
	Extrusion 2	-	-	35,72%	-	-	7,6E+07	3,4E+07	-	-	55,1%		-	-	-
	Extrusion 3	-	-	35,15%	-	-	3,4E+07	1,4E+07	-	-	59,7%	57,6%	-	-	-
5.6.1.3	Extrusion 4	-	-	34,24%	-	-	1,4E+07	7,1E+06	-	-	48,6%		-	-	-
	Bakterien: MRSD-Kultur; Matrix: Durum; Additiv: (teilweise) Ascorbinsäure (1 g/100g Durum)														
	pH 6,06; Ex. 1	37,82%	-	36,61%	-	2,2E+08	2,5E+08	1,4E+08	-	-13,7%	43,5%		-	35,79%	-
	pH 6,06; Ex. 2	-	-	36,54%	-	-	1,4E+08	7,0E+07	-	-	50,8%	47,1%	-	-	-
	pH 4,30; 3h Tr. Ex. 1	37,82%	-	37,13%	7,85%	2,5E+08	2,1E+08	1,2E+08	3,2E+07	14,5%	45,9%		72,2%	53,73%	87,14%
	pH 4,30; 22h Tr. Ex. 2	-	-	36,60%	6,94%	-	-	1,2E+08	1,1E+08	-	-		90,1%	-	95,42%
	pH 4,29+VitC, Ex. 1; 22h Tr.	37,63%	-	36,60%	6,86%	2,5E+08	1,2E+08	6,9E+07	-	-9,4%	40,6%	43,2%	91,5%	35,29%	94,52%
5.6.1.3	pH 4,29+VitC, Ex. 2; 22h Tr.	-	-	36,17%	-	-	2,7E+08	1,6E+08	1,4E+07	-	40,9%		-	-	-
							1,6E+08	8,5E+07			47,2%	44,1%			

* Daten wurden auf die Masse der Granulate angepasst (inkl. Korrekturfaktoren durch Verdünnung/Aufkonzentrierung).

Anhang

Kap.-Nr.	Stichwörter	Wassergehalt				KBE, bezogen auf g Extrudat				Absterberate; einzelner Prozessschritt				Absterberate; Gesamtprozess	
		Teig, kalkuliert [%]	Teig, gemessen [%]	feuchtes Extrudat, gemessen [%]	getr. Extrudat, gemessen [%]	Kulturbrühe/ -konzentrat* [KBE/g]	Teig [KBE/g]	feuchte Extrudat [KBE/g]	Extrudat nach Trocknung [KBE/g]	Effekt Teigherstellung [%]	Effekt Extrusion [%]	Mittel aus Mehrfach-Extrusionen [%]	Effekt Trocknung [%]	nach Extrusion [%]	nach Trocknung [%]
Bakterien: MRSD-Kultur; Matrix: Durum-Stärke-Mix (50/50)						Verkapselung von Kulturbrühe oder Bakterienkonzentrat									
5.6.1.4	Extrusion 1	43,90%	43,87%	43,44%	7,20%	7,8E+08	5,9E+08	5,5E+08	4,6E+07	24,6%	6,2%	25,9%	91,5%	29,24%	94,02%
	Extrusion 2	-	-	43,19%	-	-	5,5E+08	2,8E+08	-	-	49,2%		-	-	-
	Extrusion 3	-	-	43,40%	-	-	2,8E+08	2,2E+08	-	-	22,7%		-	-	-
	Extrusion 4	-	-	43,02%	-	-	2,2E+08	1,6E+08	-	-	25,6%		-	-	-
Bakterien: MRSD-Konzentrat; Matrix: Durum; Additive: Glycerol, Kokosnussöl															
5.6.1.5	1h Tr.	25,68%	25,91%	25,77%	10,28%	9,6E+08	2,0E+07	4,8E+07	4,5E+07	97,9%	-142,2%	-59,4%	6,8%	95,03%	95,37%
	2h Tr.	-	-	25,77%	7,34%	9,6E+08	-	4,8E+07	3,0E+07	-	-		36,6%	95,03%	96,85%
	3h Tr.	-	-	25,77%	6,44%	9,6E+08	-	4,8E+07	3,1E+07	-	-		35,9%	95,03%	96,82%
	Ex2	-	-	25,58%	-	-	4,8E+07	3,7E+07	-	-	23,5%		-	-	-
Bakterien: MRSD-Konzentrat; Matrix: Durum; Additive: Glycerol, Kokosnussöl, Lecithin															
5.6.1.5	1h Tr.	25,83%	25,80%	25,68%	11,17%	1,8E+09	3,6E+08	2,2E+08	1,5E+08	79,5%	37,8%	31,7%	32,9%	87,27%	91,46%
	2h Tr.	-	-	25,68%	8,55%	1,8E+09	-	2,2E+08	1,5E+08	-	-		33,4%	87,27%	91,52%
	3h Tr.	-	-	25,68%	6,97%	1,8E+09	-	2,2E+08	1,5E+08	-	-		33,6%	87,27%	91,54%
	Ex. 2	-	-	25,49%	-	-	2,2E+08	1,7E+08	-	-	25,6%		-	-	-
Bakterien: MRSD-Konzentrat, GEM-Konzentrat; Matrix: Durum; Additive: Glycerol, Kokosnussöl, Lecithin															
5.6.1.5	MRSD, 3h Tr.	-	22,58%	21,89%	3,16%	-	8,7E+08	2,7E+08	1,6E+08	-	69,5%		41,3%	-	-
5.6.1.5	GEM, 3h Tr.	-	23,60%	22,00%	4,65%	-	9,2E+06	1,0E+06	2,0E+05	-	89,2%		79,6%	-	-

* Daten wurden auf die Masse der Granulate angepasst (inkl. Korrekturfaktoren durch Verdünnung/Aufkonzentrierung).

Anhang

		Wassergehalt				KBE, bezogen auf g Extrudat				Absterberate; einzelner Prozessschritt				Absterberate; Gesamtprozess	
Kap.-Nr.	Stichwörter	Teig, kalkuliert [%]	Teig, gemessen [%]	feuchtes Extrudat, gemessen [%]	getr. Extrudat, gemessen [%]	Lyophilisat* [KBE/g]	Teig [KBE/g]	feuchte Extrudat [KBE/g]	Extrudat nach Trocknung [KBE/g]	Effekt Teigherstellung [%]	Effekt Extrusion [%]	Mittel aus Mehrfach-Extrusionen [%]	Effekt Trocknung [%]	nach Extrusion [%]	nach Trocknung [%]
Bakterien: MRSD-Kultur; Matrix (Lyophilisat): LyoA; Matrix (Teig): Durum-Stärke-Mix (50/50)															
	Methode a, Ex 1	42,97%	42,06%	41,49%	5,61%	1,0E+09	6,9E+08	4,8E+08	1,9E+08	32,6%	30,2%	22,1%	61,7%	52,94%	81,96%
	Methode a, Ex 2	-	-	40,39%	-	-	4,8E+08	4,2E+08	-	-	14,0%		-	-	-
	Methode b, Ex 1	42,97%	41,41%	41,15%	6,50%	1,0E+09	8,9E+08	3,5E+08	1,2E+08	13,6%	61,1%	43,1%	66,1%	66,39%	88,59%
5.6.2	Methode b, Ex 2	-	-	41,10%	-	-	3,5E+08	2,6E+08	-	-	25,1%		-	-	-
Verkapselung von gefriergetrockneten Bakterien															
Bakterien: MRSD-Kultur; Matrix (Lyophilisat): LyoA; Matrix (Teig): Durum; Additive: Glycerol, Kokosnussöl, Lecithin															
	1h Tr.	24,25%	24,34%	23,93%	11,31%	5,2E+08	1,7E+08	7,7E+07	5,35E+07	67,5%	54,5%	46,0%	30,2%	85,19%	89,66%
	2h Tr.	-	-	23,93%	8,77%	5,2E+08	1,7E+08	7,7E+07	4,22E+07	67,5%	54,5%		44,9%	85,19%	91,84%
	3h Tr.	-	-	23,93%	6,96%	5,2E+08	1,7E+08	7,7E+07	3,52E+07	67,5%	54,5%		54,0%	85,19%	93,19%
5.6.2.2	Ex 2	-	-	23,96%	-	-	7,7E+07	4,8E+07	-	-	37,5%		-	-	-
Bakterien: MRSD-Kultur; Matrix (Lyophilisat): LyoA; Matrix (Teig): Durum; Additive: Glycerol, Kokosnussöl, Lecithin															
	MRSD, Ex 1	33,28%	32,74%	32,98%	-	-	7,4E+07	5,8E+07	-	69,5%	21,0%	24,2%	-	75,88%	-
5.6.2.2	MRSD, Ex 2	-	-	32,85%	-	-	5,8E+07	4,2E+07	-	-	27,3%		-	-	-

*Daten wurden auf die Masse der Granulate angepasst (inkl. Korrekturfaktoren durch Verdünnung/Aufkonzentrierung).

Anhang 17 Nährwertangaben unterschiedlicher Peptone

Tab. A 5: Auszug der Nähwertangaben unterschiedlicher Peptone [BD, 2006].

Analysis of Peptones for Cell Culture

Product Name	Osmolality (µOsm)*	Hypoxanthine (µg/g)*	Thymidine (µg/g)*
Phytone™ Peptone	51	<2	<10
Select Phytone™ UF	52	<2	<10
Proteose Peptone No. 3, Bacto™	53	233	74
Select Soytone	48	18	<10
TC Lactalbumin Hydrolysate	48	7	9
TC Yeastolate UF	64	32	<10
TC Yeastolate, Bacto™	59	31	<10
Tryptone, Bacto™	51	1412	577
Yeast Extract, Bacto™	60	24	<10
Yeast Extract, UF	61	39	<10

* Values derived from an average of three lots

Anhang 18 Technische Daten der Extruderanlage ZSK25

Tab. A 6: Verwendete Schneckenkonfiguration am Doppelschneckenextruder ZSK 25.

Anzahl	Element	Kurzbezeichnung	Länge$_{Element}$ [mm]	Länge$_{Gesamt}$ [mm]
1	Abstandshalter	SP	2	2
4	Förderelement	TF36P/36LFOR	36	146
2	Förderelement	TF24P/24LFOR	24	194
1	förderndes Mischelement	MIX/16LFOR	16	210
2	Förderelement	TF24P/24LFOR	24	258
1	förderndes Mischelement	MIX/16LFOR	16	274
3	Förderelement	TF24P/24LFOR	24	346
4	Förderelement	TF16P/16LFOR	16	410
1	fördernder Knetblock	PP/12LFOR	12	422
5	Förderelement	TF16P/16LFOR	16	502
1	fördernder Knetblock	PP12LFOR	12	514
5	Förderelement	TF16P/16LFOR	16	594
1	fördernder Knetblock	PP/12LFOR	12	606
7	Förderelement	TF16P/16LFOR	16	718

Tab. A 7: Technische Daten des Doppelschneckenextruders ZSK 25.

Merkmal	Spezifikation
Antriebsleistung bei max. Schneckendrehzahl	8,6 kW
Antriebsdrehmoment pro Welle	82 Nm
Max. Schneckendrehzahl	500 U/min
Schneckendurchmesser (D)	25 mm
Verfahrenslänge (L)	720 mm
L/D	28,8

Tab. A 8: Spezifikationen verwendeter Extruder-Düsen.

Extruder	Düsendurchmesser [mm]	Düsenanzahl	spezifische Düsenaustrittsfläche [mm²]
ZSK25	0,5	124	24,3
ZSK25	0,8	124	62,3
ZSK25	1,0	40	31,4
PN100	0,8	76	38,2

i want morebooks!

Buy your books fast and straightforward online - at one of world's fastest growing online book stores! Environmentally sound due to Print-on-Demand technologies.

Buy your books online at
www.get-morebooks.com

Kaufen Sie Ihre Bücher schnell und unkompliziert online – auf einer der am schnellsten wachsenden Buchhandelsplattformen weltweit! Dank Print-On-Demand umwelt- und ressourcenschonend produziert.

Bücher schneller online kaufen
www.morebooks.de

VDM Verlagsservicegesellschaft mbH
Heinrich-Böcking-Str. 6-8   Telefon: +49 681 3720 174   info@vdm-vsg.de
D - 66121 Saarbrücken   Telefax: +49 681 3720 1749   www.vdm-vsg.de

Printed by Books on Demand GmbH, Norderstedt / Germany